室内设计实用教程 理想·宅 编

家居软装搭配

Home decoration match

CHINA ELECTRIC POWER PRESS

内容提要

本书是一本实用性很强的软装百科式图书，内容丰富、全面。全书共五章，包括软装设计基础、色彩与图案对软装的影响、软装在家居中的运用、软装的风格印象和家居人群与软装设计。全书的编写注重理论与实践相结合，力求从多角度细致解析软装元素的特点及搭配应用。

本书可作为室内设计师、室内陈设师、环境艺术设计师的实用参考书，也可供环境艺术设计专业院校的师生参考。

图书在版编目（CIP）数据

家居软装搭配 / 理想·宅编 . — 北京：中国电力
出版社，2021.1
室内设计实用教程
ISBN 978-7-5198-4750-0

Ⅰ.①家… Ⅱ.①理… Ⅲ.①住宅—室内装饰设计—
教材 Ⅳ.① TU241

中国版本图书馆 CIP 数据核字（2020）第 105623 号

出版发行：中国电力出版社
地　　址：北京市东城区北京站西街 19 号（邮政编码 100005）
网　　址：http://www.cepp.sgcc.com.cn
责任编辑：曹　巍（010-63412609）
责任校对：黄　蓓　郝军燕
装帧设计：理想·宅
责任印制：杨晓东

印　　刷：北京瑞禾彩色印刷有限公司
版　　次：2021 年 1 月第一版
印　　次：2021 年 1 月北京第一次印刷
开　　本：710 毫米 ×1000 毫米　16 开本
印　　张：14
字　　数：285 千字
定　　价：78.00 元

前言

FOREWORD

软装指的是具有装饰功能和使用功能的可移动的装饰物。在室内设计中，软装是非常重要的组成部分，它不仅可以满足使用需求，让居住环境变得更舒适，还能渲染氛围，彰显个性。从实用性角度来讲，软装的重要性要高于硬装，因此，想要成为一名优秀的设计师，了解软装的知识和搭配技巧是非常必要的。

本书由"理想·宅（Ideal Home）"倾力打造，是一本实用性很强的软装百科式图书，共分为五章。全书以软装设计基础作为开端，详细讲解了软装与室内设计的关系、软装的功能、软装设计要素、软装设计的原则以及软装分类等，使读者可以从理论上对软装有所了解，并为实践性知识的学习打好基础。之后将软装设计运用部分分成了色彩与图案对软装的影响、软装在家居中的运用、软装的风格印象及家居人群与软装设计四章，不仅梳理了色彩、图案、家具、灯饰、装饰画、花艺绿植、工艺品等多种软装元素的设计运用，并且对常用的室内风格及不同居住人群喜好的软装元素、软装特点及搭配应用等进行了详细的分析。与其他软装类图书相比，本书包含的内容更为详细，并注重理论与实践相结合，因此，可作为室内设计师、室内陈设师、环境艺术设计师的实用参考书。

编者

2020 年 10 月

目录

CONTENTS

软装在家居中的运用　　　　　063

软装的风格印象　　　119

第一章
软装设计基础

本章包含了软装的基础概念、软装的功能、软装设计的原则、软装的分类等软装基础知识，掌握了这些知识，可以为家居软装的设计和运用打下坚实的基础。

第一节
软装设计基础知识

一、认识软装

① 软装的概念

室内设计总体可分为"硬装"与"软装"两部分，它们属于相对的概念。

"硬装"指的是除了必须满足的基础设施以外，为了满足房屋的结构、布局、功能、美观需要，添加在建筑物表面或者内部的固定且无法移动的装饰物。

"软装"是相对于建筑本身的硬结构空间提出来的，是建筑视觉空间的延伸和发展。随着生活水平的提高，现代人的审美意识与审美能力也在逐步提高，对精神生活与环境质量提出了更高要求，越来越注重居室装饰的个性化、风格化、休闲化，"软装"在此基础上应运而生。

"软装"也称为家居陈设，指一切在室内陈列的可以移动的装饰物品，包括家具、灯饰、布艺、花艺、绿植、各种摆件、挂件及装饰画等。

▲软装家具

▲软装灯饰

② 软装设计的概念

在某个空间内将家具陈设、家居配饰、家居软装饰等元素通过设计手法将所要表达的空间意境呈现在整个空间内，使空间能够满足人们的物质追求和精神追求，即为软装设计。

▲软装布艺

二、软装与室内设计的关系

① 软装是室内设计不可分割的一部分

一般来说，室内设计包括的具体内容有空间布局设计、软装设计、色彩设计、材料选用和照明设计等；而在软装设计中又包括了大量的色彩搭配、空间布置及灯饰的选择与搭配等内容。由此可见，软装是室内设计中不可或缺的一个组成部分。室内设计和软装设计有很多共同点，如都要解决室内空间的形象设计，都关注室内家具、布艺、灯具、装饰等的挑选、搭配等问题。

▲室内设计着眼于空间大局的设计　　　　　▲软装虽然重点关注软装本身，但也需关注与整体之间的关系

② 软装关系到室内设计的整体水平

室内设计不仅需要关注软装，同样也要考虑硬装设计，要对整体空间的关联性进行全局把握。软装是在室内设计的创意下，做进一步细致、具体的工作，软装设计是室内设计的后期工作，在不脱离室内设计整体规划的情况下，对空间设计做进一步地完善和深化，以体现出空间的层次，获得提升空间品位的效果。如果软装的品位不佳，不仅达不到室内设计的理想效果，还会降低整体设计的水准。

▲软装设计的效果，对室内设计的整体效果有着重要的影响

三、软装的功能

❶ 表现居室风格

　　室内环境的风格按照不同的构成元素和风格特点，主要分为简约风格、新中式风格、北欧风格、田园风格、地中海风格等。室内空间的整体风格除了靠前期的硬装来塑造之外，后期的软装布置也非常重要，因为软装配饰素材本身的造型、色彩、图案、质感均具有一定的风格特征，对室内环境风格可以起到更好的表现作用。

▲线条利落的软装可表现出简约风格简洁的特征　　　　　　　　▲具有禅意的软装可烘托出新中式风格的复古气息

❷ 营造居室氛围

　　软装设计在室内环境中具有较强的视觉感知度，因此对于渲染空间环境的气氛具有很大的作用。不同的软装设计可以造就不同的室内环境氛围，例如欢快热烈的喜庆气氛、深沉凝重的庄严气氛、高雅清新的文化艺术气氛等。

▲利用软装打造典雅又不失层次感的氛围　　　　　　　　▲多色组合的软装设计，为卧室增添活泼感

③ 调节室内色彩

在家居环境中，软装饰品占据的面积比较大。在很多空间里，家具占据面积超过了40%，其他如窗帘、床品、装饰画等饰品的颜色，也对整个房间的色调起到很大的作用。

④ 较少资金投入即可完成装饰

许多家庭在装修的时候还是习惯于在硬装上大动干戈，既费力又容易造成安全隐患，且随着时间的推移即使被淘汰也无法更改。若以软装设计为主，花费较少的资金投入即可完成装饰，且还可随时更换。

▲软装的色彩让以白色为主的空间在层次上变得更丰富

▲ "重装饰"的方式既可节约资金又能实现装饰效果

⑤ 轻松改变家居风格

软装的另一个作用就是能够轻松地改变家居风格。例如，可以根据心情和四季的变化，随时调整家居布艺。到了夏季，可以使用具有飘逸感的冷色调布艺和冷光灯，来增加清凉感；而到了冬季，则可以更换成厚重的暖色调布艺和暖光灯，来增加温暖感。

▲灰色大理石的天然纹理，带来现代感和个性效果

四、软装设计五要素

❶ 家具

在室内设计中，家具占据空间的比例最大，可以说，家具是软装设计中的重中之重，对家居整体效果起着非常重要的作用。家居空间中所使用的家具，既要具有实用性、美观性，又应具有品质感，才能起到提升空间美感的作用。

▲家具与其他类型的软装相比体积较大，具有引领作用

❷ 饰品

饰品主要包括艺术品和生活饰品两大类。艺术品主要包括装饰画、雕塑、摆件及挂件等；生活饰品主要是指生活类的装饰用品，如插花瓶、沐浴液瓶、餐具等。饰品在家居装饰中具有画龙点睛的作用，能巧妙地弥补居室的小缺陷，化腐朽为神奇。

▲艺术类饰品可以提升空间的品质感　　　　　▲生活饰品可以增添生活美感

❸ 灯饰

灯饰具有多重功能，其外表具有装饰空间的作用，内部的光源不仅可以提供照明，还可以让室内的色彩有更好的展现。同时，光源本身的色彩还具有营造各种浪漫唯美气氛的作用，可以体现出主人别致高雅的情调。

▲恰当的灯饰组合，可以烘托室内氛围

❹ 布艺织物

布艺织物的使用范围非常广泛，小至餐桌布、靠垫，大至窗帘和各类床上用品。布艺织物搭配得当，不仅能进一步提升家装的舒适度，更能柔化冷硬的建筑线条，使家居和谐又不失个性。

▲布艺是质地最为柔软的装饰

❺ 花艺绿植

花艺绿植不仅能清新空气，调节干湿度，缓解眼部疲劳，还可增添自然生机，是软装搭配中必不可少的环节。小型的盆栽可摆放在柜类或茶几上，大型的盆栽则摆放在门口或角落。

▲绿植可以为居室增添生机

五、软装设计的原则

① 先定风格，再做软装

在进行软装设计时，首先要先确定家居风格，一个空间的风格如同写作的提纲，对全局起统筹作用。之后再根据风格进行软装入场，这样才不会脱离主体，使整个空间的基调保持一致。

▶先确定家具风格，更有利于软装的选择与布置

② 提早规划才能获得理想效果

在多数人的印象中，都认为软装是在前期的硬装完成后才需要考虑的事情，实际上这是一个错误的认识。软装搭配需要尽早规划，在装修之初，就需将喜好的风格、饰品等考虑好，这将有利于功能布局的设计，同时体现个性。

▲现代风格软装定位

❸ 确定视觉中心点

在居室装饰中，通常需要建立一个中心点，才能形成聚焦的效果，也才能够使空间整体的主次分明，这个视觉中心就是布置上的重点，可打破全局的单调感。需要注意的是，视觉中心只有一个，例如，在客厅中如果装饰画的装饰性已经足够，就无须再安排其他装饰性强的装饰，否则容易引起主次关系的混乱。

▲沙发背景墙上的装饰画即为视觉中心点

❹ 掌握好软装的比例

软装搭配最经典的比例分配莫过于黄金分割，若无特殊的设计需求，即可采用1∶0.618的完美比例来划分居室空间。例如，布置摆件时可偏左或者偏右放置，会使视觉效果活跃很多。但也需要注意制造一些比例上的变化，不然会显得刻板。

◀茶几上的饰品按照黄金分割摆放，使人感觉非常舒服

六、软装设计的形式美法则

❶ 对比与调和

可以通过光线的明暗对比、色彩的冷暖对比、材料的质地对比、传统与现代的对比等使家居风格产生更多的层次及更多样式的变化，从而演绎出各种不同节奏的生活方式；调和则是将产生对比的双方进行缓冲与融合的一种有效手段，例如暖色调的运用与柔和布艺的搭配。

▲利用色彩对比制造视觉张力，是软装设计中常用的一种手法

❷ 统一与变化

软装布置应遵循多样与统一的原则，根据大小、色彩、位置，使软装与家具构成一个整体。家具要有统一的风格和格调，再通过饰品、摆件等细节的点缀，进一步提升居住环境的品位。

▶在统一的木色调和白色调组合中，加入一些绿色的软装，使统一之中增加了变化

③ 稳定与轻快

　　稳定与轻快的软装设计原则适合绝大多数的情况，稳定指的是整体，轻快则指的是局部。若整个空间中的软装都布置得过于稳重，很容易使人感觉压抑；而若全部布置得轻巧则容易产生漂浮感。因此，建议整体稳重、局部轻巧，从颜色和体积等方面来分配，使整体效果具有层次感。

◀稳定与轻快的组合，使空间内软装的整体层次感非常丰富

④ 节奏与韵律

　　节奏与韵律是通过不同软装之间体量大小的区别、空间虚实的交替、构建排列的疏密、长短的变化、曲柔刚直的穿插等变化来实现的。在软装设计中，虽然可以采取以上方式来制造节奏与韵律，但需注意的是，在通常情况下一个房间中不建议使用两种以上的节奏，因为视觉中心的不稳定容易使人感觉烦乱。

◀沙发墙上装饰画的布置，具有很强的节奏感

第二节
软装的分类

一、实用性软装

实用性软装是家居中必不可少的软装，主要是指满足日常生活需求的一类软装，包括家具、布艺、灯饰等。

❶ 家具

家具是室内设计中的一个重要组成部分，是陈设中的主体，可根据功能及使用空间进行分类。

家具功能速查		
坐卧性家具	储存性家具	凭倚性家具

此类家具主要用于满足人们日常的坐卧需求，包括凳类、椅类、沙发类、床类等	用来收纳物品的家具，包括衣柜、五斗柜、床头柜、书柜、电视柜、文件柜等	供人们凭倚、伏案工作，同时也兼有收纳物品功能的家具，包括桌台和几架两类
陈列性家具	装饰性家具	多功能家具

展示一些工艺品、收藏品或书籍的一类家具，包括博古架、书架、展示架等	具有很强的装饰性的家具，表面通常带有贴面、涂饰、镶嵌、雕刻、描金等装饰	在具备传统家具初始功能的基础上，还具备更多样化的使用功能，如沙发床

家具使用空间速查		
客厅家具		
双人沙发	三人沙发	转角沙发

小户型单独使用或做主沙发，2+1+1组合；大户型做辅沙发，3+2+1组合	小户型单独使用，大、中户型适合用做主沙发，以3+2+1或3+1+1的形式组合使用	小户型中单独使用，或中、大户型做主沙发，以转角+2或转角+1的形式组合
单人沙发	沙发椅	沙发凳
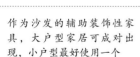		
作为沙发的辅助装饰性家具，大户型家居可成对出现，小户型最好使用一个	作为辅助沙发，以3+1+沙发椅或2+1+沙发椅的形式组合使用，增加休闲感	作为点缀使用于沙发组合中，可选择与沙发组不同的款式，能够活跃整体氛围
茶几	条几	角几

可结合户型的面积以及沙发组的整体形状来具体选择使用方形还是长方形	沙发不靠墙摆放时，可用在沙发后面，或用在客厅过道中，用来摆放装饰品	用于沙发组合的角落空隙中，可灵活移动，造型多变不固定

边柜	电视柜	组合柜

用于客厅过道或侧墙，储物及摆放装饰品	摆放电视或者相关电器及装饰品	用于电视墙，通常包含电视柜及立式装饰柜

餐厅家具

餐桌椅	边柜	酒柜

餐厅中主要定点家具，可根据餐厅面积、风格选择	靠墙放置，可摆放装饰品，与装饰画墙组合效果更佳	适合有藏酒习惯的家庭，通常适用于大、中户型

卧室家具

床	床头柜	斗柜

卧室中主要定点家具，大小及款式可根据卧室的面积来选择	用于床两侧，收纳及摆放台灯及物品，与床选择整套式的款式最佳	和床头柜的功能相似，装饰性更强，一般在欧式、美式风格中常见

衣柜	榻	床尾凳

存放衣物，可买成品家具，也可定制，定制款式与家居空间吻合度更高	适用大面积卧室，摆放在床边做短暂休息之用	适用大面积卧室，放置在床尾，用来更换衣物及装饰
梳妆台	衣帽架	休闲椅

适用于有女士的卧室中，大小根据卧室面积选择	体积小，可移动，用于悬挂衣帽，特别适合衣柜小的卧室	适用于面积较大的卧室，通常摆放在靠窗一侧

书房家具

书桌椅	书柜/书架	休闲椅

书房中的主要家具，大小可根据书房面积及风格选择，通常建议成组选择	书柜体积较大，容纳量高，适合藏书丰富的家庭；书架更灵活，适合小面积的书房	适用于面积较大的书房中，可摆放在门口或窗边，用于待客交谈

家具材质速查

实木家具

采用天然木料加工制成，易于加工、造型和雕刻。具有独特的纹理和温润的质感

皮质家具

皮质家具质地柔韧耐磨，保暖性能佳，舒适感强，有多种类型，真皮质感最佳

板式家具

可具有实木的外观，但价格比实木低，好保养，是主流的木家具

软体家具

由框架和表面的面料包覆制成，其特点是以软体材料为主，表面柔软

编织家具

此类家具轻便、舒适，色彩雅致，有一种纯朴自然的美感，但耐久性相对不高

布艺家具

布艺家具具有优雅的造型、多变的图案和柔和的质感，方便清洁和维护

家具工艺速查

鎏金

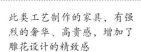

此类工艺制作的家具，有强烈的奢华、高贵感，增加了雕花设计的精致感

雕花

此类工艺制作的家具，具有高贵、精致的美感，提升家具的品质，具有艺术价值

铆钉

多用于制作沙发，可增加沙发的紧实度，提升沙发的整体美感，突出高贵的设计感

❷ 布艺

　　布艺织物是室内装饰中常用的物品，能够柔化室内空间生硬的线条，赋予居室新的感觉和色彩。按照用途来划分，布艺织物主要包括窗帘、家具套、床上用品、壁挂、抱枕和地毯等。

布艺功能速查		
窗帘	家具套	床上用品

窗帘具有保护隐私、调节光线和保温的功能，另外厚重的窗帘还可以吸收噪声	家具套多用在布艺家具上，特别是布艺沙发，主要作用是保护家具并增加装饰性	床上用品是卧室中非常重要的软装元素，除了床品套件外还有床垫等产品
壁挂	抱枕	地毯

壁挂是挂在墙壁上的一种装饰性织物，它以各种纤维为原料，具有很强的艺术性	抱枕可用在床上、沙发上或者直接用作坐垫，使用方便、灵活	地毯能够隔热、防潮、吸音，具有较高的舒适感，同时兼具美观的装饰效果

布艺材质速查		
窗帘		
植绒帘	纱帘	棉麻帘

手感柔软，垂坠感强，遮光性佳，具有奢华艳丽的装饰效果，吸尘力强	可以阻挡部分过强的光线，同时不影响采光，但不遮光，飘逸轻盈，美观凉爽	易于清洗和更换，价格较低，吸湿、透气性能好，花色较多，款式可选择性多
雪尼尔帘	绸缎帘	塑铝帘

表面的花型有凹凸感，立体感强，具有调温、抗过敏、防静电、抗菌的功效	质地细腻，具有华丽高贵的装饰效果，含有真丝成分，遮光力不强，垂坠感不强	通常是制作百叶帘的主材，遮光效果好，款式较少，耐擦洗、耐潮湿
木织帘	真丝帘	涤纶帘

具有返璞归真的感觉，基本不透光且透气性较好，适合自然风家居	材料为蚕丝，光泽度高，悬挂后具有飘逸的视觉感受，不易打理，宜干洗	防水防油，无毒凉爽，耐晒、耐酸碱，性价比高，吸湿性、透气性较差

床上用品		
纯棉床品	贡缎床品	莫代尔床品
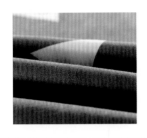		
具有较好的吸湿性，柔软而不僵硬，透气性好，方便清洗和打理，价格适中	表面光滑、细腻，手感柔软，色泽亮丽，弹性良好，质地紧密，不易变形	柔软光洁，色泽艳丽，悬垂感好，有真丝般的光泽和手感
竹纤维床品	真丝床品	亚麻床品
		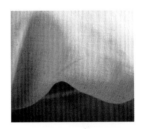
亲肤性好，柔软光滑、舒适透气，抗菌抑菌性强	吸湿性、透气性好，防静电，有利于防止湿疹、皮肤瘙痒等皮肤病的发生	具有调温、抗过敏、防静电、抗菌的功能，吸湿性好，手感干爽
法兰绒床品	天丝床品	磨毛床品
	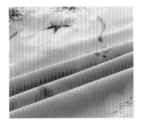	
面料厚实，不易掉毛，手感柔软平整、光滑、舒适，具有非常好的保暖性	不易缩水，洗涤方便，易打理	蓬松厚实，保暖性能好，表面绒毛短而密，绒面平整，手感致密、柔软

床垫

弹簧床垫	乳胶床垫	记忆棉床垫

能够均匀承托身体每部分，保持脊骨自然平直，使肌肉得到充分的松弛	带有天然清香，能够在压力点附近给予更贴合的支撑，提高睡眠质量	能够缓解骨骼肌肉疼痛，提高睡眠质量

抱枕

荞麦材质	化纤材质	乳胶材质
		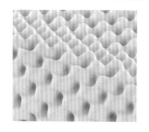
材质天然无污染，可塑性高，回弹力好，需要经常在太阳下晾晒	由人造纤维制作而成，使用久了容易变形结块，缺乏弹性，有较高的性价比	弹性好，不易变形、支撑力强

羽绒材质	泡沫粒子材质	发光材质

使用方便，但不容易清洗，羽绒枕的蓬松度较佳，柔软度高，不易变形	富有弹性、不易变形、透气性极好，质量轻，不会有压迫感	装饰效果出色，富有时尚感，无辐射，无高热能

地毯材质速查

化纤地毯	羊毛地毯	混纺地毯
	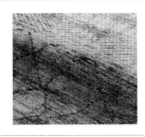	
饰面效果多样，如雪尼尔地毯、PVC地毯等，耐磨性好，富有弹性，价格较低	毛质细密，弹性极佳，不带静电，具有天然的阻燃性	色泽艳丽，便于清洗，克服了羊毛地毯不耐虫蛀的缺点，具有更高的耐磨性
毛皮地毯	纯棉地毯	草、麻编地毯

脚感柔软舒适、保暖性佳，装饰效果突出，具有奢华感，能够增添浪漫色彩	质轻耐磨、色彩鲜艳、脚感舒适、富有弹性	自然气息浓郁，非常适合搭配布艺或竹藤家具，但易脏，不适合潮湿地区

桌布、桌旗材质速查

棉麻桌布、桌旗	涤纶桌布、桌旗	绸缎桌布、桌旗

质感好，手感柔软，却非常耐磨、耐用，花色多，吸水性较好，需经常清洗	耐热性好，弹性接近羊毛，耐皱性超过其他纤维，吸水回潮率低，绝缘性能好	具有华丽高贵的装饰效果，能够展现居住者的品位和身份地位，但价格高，需干洗

❸ 灯饰

　　灯饰应讲究光线、造型、色质、结构等总体形态效应，是构成家居空间效果的重要组成部分。造型各异的灯具，可以令家居环境呈现出不同的样貌。按照用途来分，灯饰可分为吊灯、吸顶灯、落地灯、壁灯、台灯、射灯及筒灯等多种类型。

灯饰功能速查		
吊灯	吸顶灯	落地灯

多用于卧室、餐厅、客厅；吊灯最低点离地面不小于2.2 m	适合于客厅、卧室、厨房、卫浴等处；安装方便，款式简洁	一般放在沙发拐角处，灯光柔和；落地灯灯罩应离地面1.8 m以上
壁灯	台灯	射灯、筒灯

适合卧室、卫浴中的照明；壁灯的安装高度，其灯泡应离地面不小于1.8 m	一般客厅、卧室用装饰台灯；工作台、学习台用节能护眼台灯	均属于局部性采光，射灯可安装在吊顶四周、家具上部，筒灯嵌装于吊顶内部

灯饰材质速查

水晶灯	铁艺灯	铜艺灯

具有绚丽高贵、梦幻的装饰效果，现在市面上的水晶灯多由人造水晶和白炽灯组成	支架和主体部分都是由铁艺组成的，此类灯具带有浓郁的复古感，通常是黑色的	极具质感，外表美观，有的灯还具有收藏价值，目前市面上的铜灯以欧式灯为主流
树脂灯	羊皮灯	木质灯

颜色丰富，造型多样、生动、有趣，环保自然，装饰性较强，重量较轻	灯罩部分为羊皮，其制作灵感来自古代灯具，能给人温馨、宁静感	多以实木为原料制成，有古典和现代两大类，具有较为自然、温润的质感
纸灯	布艺灯	藤草编织灯

质量较轻、光线柔和，安装方便而且容易更换，具有较浓的文化气息	布艺主要用在灯罩部分，所用布艺材质包括布料、纱、蕾丝等	造型多为立体几何形体或动物，具有自然、质朴的装饰效果，色彩多为原料的本色

二、装饰性软装

装饰性软装是指可以烘托环境气氛、强化室内空间特点的一类软装，包括装饰画、工艺品、花艺、绿植等。

❶ 装饰画

装饰画属于一种装饰艺术，给人带来视觉美感、愉悦心灵。同时装饰画也是墙面装饰的点睛之笔，即使是白色的墙面，搭配几幅装饰画也会变得生动起来。

装饰画类别速查		
水墨画	油画	摄影画

以水和墨为原料作画的绘画方法，是中国传统式绘画，讲求意境的塑造	题材一般为风景、人物和静物，营造出一种优雅风情	是近现代出现的一种装饰画，画面包括"具象"和"抽象"两种类型
水彩画	工艺画	丙烯画
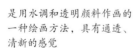		
是用水调和透明颜料作画的一种绘画方法，具有通透、清新的感觉	是用各种材料通过拼贴、镶嵌、彩绘等工艺制成的装饰画，具有立体、生动的感觉	是用丙烯颜料做成的画作，色彩鲜艳、色泽鲜明，不褪色，不变质脱落

铜版画	编织画	金箔画

在铜版上用腐蚀液腐蚀或直接用针或刀刻制而成的版画，每一件都具有艺术价值	是采用棉线、丝线、毛线、细麻线等原料编织而成的，风格比较独特	以金箔、银箔、铜箔为基材，具有陈列、珍藏、展示的作用和华丽的装饰效果

画框材质速查

实木框	不锈钢框	铝合金框

重量较重、质地硬，不能弯曲，质感低调、质朴，造型为平板式或带有雕刻	重量较轻，具有很强的现代感，颜色较少，多以直线条为主	重量较轻，款式较多，有纯色的，也有印花纹理的，如木纹，造型多以直线条为主

树脂框	皮框	塑料框

可以仿制很多其他材料的质感，非常逼真，硬度高、质地坚硬、耐久度高	采用各种天然皮革或人造皮革制成的画框，颜色和纹理丰富，具有高档感和品质感	款式和颜色非常多，还有各种其他画框难以达到的造型，是比较经济的一种画框

② 工艺品

工艺品是通过手工或机器将原料或半成品加工而成的产品，是对一组价值艺术品的总称。工艺品来源于生活，又创造了高于生活的价值。在家居中运用工艺品进行装饰时，要注意不宜过多、过滥，只有摆放得当、恰到好处，才能有良好的装饰效果。

工艺品材质速查		
木雕工艺品	水晶工艺品	树脂工艺品

以实木为原料雕刻而成，具有较高的观赏价值和收藏价值。适合中式及自然类风格	水晶工艺品具有晶莹剔透、高贵雅致的特点，具有实用价值和装饰作用	树脂工艺品塑性能力极强，还能制成各种仿真效果，如仿金属、仿水晶、仿玛瑙等
玻璃工艺品	陶瓷工艺品	铁艺工艺品

玻璃工艺品外表通透、多彩、纯净、莹润，可以起到反衬和活跃气氛的效果	陶瓷工艺品大多制作精美，即使是近现代的陶瓷工艺品也具有极高的艺术价值	以铁为原料，通过多道工序组合而成的产物，做工精致，设计美观大方

铜工艺品	不锈钢工艺品	石材工艺品

现代铜工艺品多为黄铜制品，主要加工方式为雕塑，多为人物、动物等摆件，以及花瓶、香炉等用品	属于特殊的金属工艺品，比较结实，质地坚硬，耐氧化、无污染，对人体无害，较适合现代风格和简欧风格	讲究造型逼真，手法圆润细腻，纹饰流畅洒脱，主要原料为大理石，质地坚硬，多以人物、动物为主题
玉器工艺品	编织工艺品	琉璃工艺品

玉石工艺品以佛像、动物和山水为主，多带有中国特有的美好含义或寓意，大部分都带有木质底座	编织工艺品是将植物的枝条、叶、茎、皮等加工后，用手工编织而成的工艺品，具有天然、朴素的特色	琉璃摆件流光溢彩、变幻瑰丽，具有精致、细腻、含蓄的风格，具有独特的装饰性，还具有收藏价值

❸ 花艺

花艺是指将剪切下来的植物的枝、叶、花、果作为素材，经过一定的技术（修剪、整枝、弯曲等）和艺术（构思、造型、配色等）加工，重新配置成一件精致完美、富有诗情画意、能再现大自然美和生活美的花卉艺术品。

花艺类别速查	
东方花艺	西方花艺

以中国和日本为代表，着重表现自然姿态美，多采用浅、淡色彩，以优雅见长	也称欧式插花，色彩艳丽浓厚，花材种类多，注重几何构图，讲求浮沉的造型

花器材质速查		
陶瓷花器	玻璃花器	树脂花器

陶器的品种极为丰富，或古朴或抽象，既可作为家居陈设，又可作为插花用的器饰	常见有拉花、刻花和模压等工艺，颜色鲜艳，晶莹透亮，兼具实用性和装饰性	硬度较高，款式多样，色彩丰富，可以仿制任何材质的质感，性价比高

金属花器	塑料花器	竹木花器

具有或豪华或敦厚的观感，根据制作工艺的不同，能够反映出不同时代的特点	灵活轻便、色彩丰富且造型多样，可以与陶瓷器皿相媲美，性价比高	造型典雅、色彩沉着、质感细腻，具有很强的感染力和装饰性

④ 绿植

　　绿植为绿色观叶植物的简称，因其耐阴性强，可作为观赏植物在室内种植养护。选择绿植首先应考虑其植物种类和尺寸，然后结合其特性来确定摆放位置。

绿植类别速查		
蕨类	虎尾兰类	多肉类

适合阴暗潮湿的环境，不宜阳光直射，除了单独栽种外还可做盆景，具有药用价值	品种较多，株形和叶色变化较大，对环境的适应能力强，观赏时间长	样式可爱、小巧，品种多样，比较容易养殖，可以进行组盆及微景观造型

藤本类	阔叶类	可食用类

可以攀爬形成一面"绿墙",可以保持四季常青,若做小盆栽,非常方便造型	此类绿植叶片较大,有的叶片上带有缝隙,特别适合做大型盆栽落地摆放,装饰效果大气而美观	不仅具有装饰作用,同时具有实用性,带有奇异的味道,可用来泡茶或烹饪
长叶类	圆长叶类	细叶类

叶片较长且尽头较尖锐,可做小盆栽,但长成后多为大型植物,适合单独放置	叶片整体较长,但尽头较圆润,以大型植物为主,幼株也适合做小盆栽	叶片细长而窄,尽头尖锐,即使是大盆栽也不会使人感觉庞大,具有文艺气质
垂吊类	花类	观果绿植

枝叶长到一定的长度后,开始下垂,很适合放在高处,下垂后具有瀑布般的效果	色彩丰富,品种多样,能够丰富居室内的色彩层次,活跃氛围	果实形状或色泽具有较高观赏价值,果实各异,色彩多样,可以丰富室内装饰层次

第二章
色彩与图案对软装的影响

软装在家居空间中承担着一定的美学作用，合理运用软装可以营造出不同格调及品位的环境。而美学的主要因素包括其本身的色彩及图案，它们的和谐运用对软装的美学设计具有关键作用。

第一节
软装与色彩

一、色彩的基础知识

① 色彩三要素

色彩是软装设计中的一个重要的元素，好的软装配色可以为居室带来舒适的视觉观感。在进行软装色彩设计前，首先要了解色彩的三个属性，即色相、明度及纯度。

（1）色相

色相是指色彩所呈现出来的相貌。人们称呼色彩时使用的名称就是色相，如紫红、橘黄、群青、翠绿等。从光学原理上讲，各种色相是由射入人眼的光线的光谱成分决定的。为了更直观地表现色相之间的关系，色彩学家按照光谱中色相出现的顺序将它们归纳成了环形，即色相环，也称为色环。

▲色彩秩序的归纳

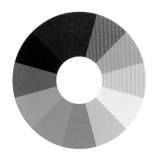

▲ 12 色相环

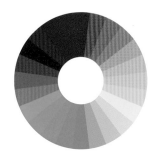

▲ 24 色相环

▲以蓝色为主的软装设计

▲以黄色为主的软装设计

（2）明度

明度表示的是色彩的明暗。色相和纯度都需要依赖一定的明暗才能显示出来，明度是色彩的骨骼。在有彩色系中，色彩的明度差别包括两个方面：一是指某一色相的深浅变化，如浅红、大红、深红，均为同一种色相，但越来越暗；二是指不同色相之间的明度差，如黄色明度最高，紫色明度最低。

不同色相之间的明度变化

低 〈······〉 高

同色相之间的明度变化

低 〈······〉 高

▲低明度的软装，典雅、稳重

▲高明度的软装，淡雅、柔和

（3）纯度

纯度是指色彩的纯净程度，也称为艳度、彩度、鲜度或饱和度，是色彩鲜艳程度的判断标准。纯度表现的是一种色彩中所含有色成分的比例，比例越大，纯度越高；比例越小，纯度越低。不掺杂其他任何色彩的色相，被称为纯色，纯度最高。

不同色相之间的纯度变化

高 〈······〉 低

同色相之间的纯度变化

低 〈····· 高 ····〉 低

▲低纯度的软装，素雅、大方

▲高纯度的软装，鲜艳、活泼

❷ 色彩分类

世界上的色彩是千变万化的，色彩学家根据不同色彩所呈现出的特征，将其分为有彩色和无彩色两大类型。

（1）有彩色

有彩色指的是所有具备色彩三要素的色彩。在有彩色中，根据人们对色彩所产生的不同心理感受，又将其划分为暖色、冷色和中性色三种类型。暖色为使人们感觉温暖的颜色；冷色为让人们感到冷清的颜色；不冷不暖的色彩则为中性色。

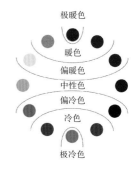

有彩色的冷暖分类

▲暖色为空间主色

▲冷色为空间主色

▲中性色为空间主色

（2）无彩色

无彩色（无色系）指除了有彩色以外的其他颜色，常见的有黑、白、银、金、灰，彩度接近于 0，明度变化从 0 到 100，此类色彩可以与任何其他色彩搭配，包容度很高。

小贴士

同色相的冷暖是相同的

同一种色相，即使是明度或纯度发生变化，它的冷暖感觉也是不变的，如蓝色无论是变浅还是变深，都具有冷感，不同的是，发生改变后，冷感有所变化。

暖色纯度降低后仍然具有温暖感，但纯色的温暖感最剧烈

冷色纯度降低后同样具有冷感，但纯色的清凉感最强

中性色改变明度后仍然没有冷暖偏向

二、软装设计与色彩的关系

当人进入某个空间的最初几秒钟，产生的印象 75% 是对色彩的感觉，然后才会去理解形体，也就是说软装色彩对视觉的冲击力和感染力要高于其造型设计。在软装设计中，只有合理地运用色彩，才能够创造出愉悦、舒适的环境，营造出美妙的氛围。

色彩可以说是软装设计及室内设计的灵魂。成功的色彩设计既能满足大家的审美要求，又能表达居住者的个性。它是软装设计中最为生动、最为活跃的因素，具有举足轻重的地位，且具有调节空间、调节心理、调节氛围、调节温感、调节光线、体现个性等多种作用。

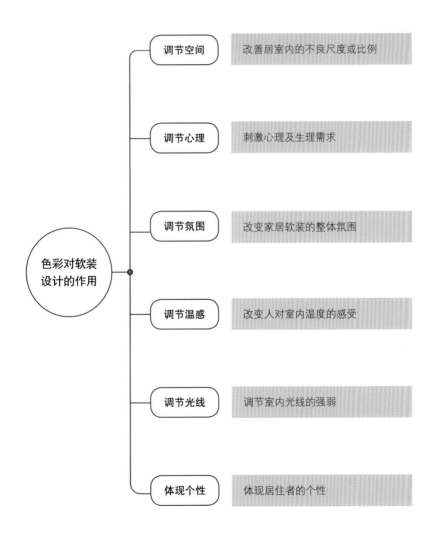

色彩对软装设计的作用	调节空间	改善居室内的不良尺度或比例
	调节心理	刺激心理及生理需求
	调节氛围	改变家居软装的整体氛围
	调节温感	改变人对室内温度的感受
	调节光线	调节室内光线的强弱
	体现个性	体现居住者的个性

① 调节空间

色彩对人的视觉效应和心理影响不仅包括冷暖感，还包括前进感和后退感、膨胀感和收缩感、轻感和重感等，利用色彩的这些物理特性，能够在一定程度上改善室内建筑结构的不良尺度。

▲冷色的软装可以使空间显得更宽敞

▲暖色的软装可以使空间显得更丰满

② 调节心理

色彩可以刺激人的心理及生理需求，如果使用了过多的高纯度色相，会使人感觉过度而容易烦躁；而过少的色彩，又会使人感到空虚、寂寞。因此，室内软装的色彩要根据使用者的性格、年龄、性别、职业和生活环境等进行设计，才能满足视觉和精神上的双重需求，还宜根据各空间的功能进行合理配色，以起到调节心理平衡的作用。

▲适量黄色软装的使用，为素雅的空间增添了一些温暖感

▲恰当数量的彩色软装，搭配出了舒适的氛围

③ 调节氛围

　　室内硬装的色彩不便改动，可选择具有平和感的色彩，奠定一个舒适的整体氛围。而在节日或其他需改变氛围的时间，可通过改变软装的色彩，来烘托气氛，调节室内整体氛围。

▲使用红色的软装，能够烘托出欢快、喜庆的氛围

④ 调节温感

　　室内温度的感觉会随着不同颜色的搭配方式而发生改变，调节温感主要考虑的是色彩的冷暖感觉。例如，寒冷地区，软装可以暖色为主，炎热地区软装可以冷色为主；光照充足的房间内，软装可多选冷色，光照少的房间软装可多选暖色。

▲蓝色的椅子，非常适合炎热的夏天

⑤ 调节光线

　　各种色彩都有不同的反射率，所以色彩可以调节室内光线的强弱。根据不同房间的采光要求，适当地选用反射率低的色彩或反射率高的色彩即可调节进光量。例如，在朝北的房间中，常有阴暗沉闷之感，软装即可选择高反射率的色彩。

▲朝北的小卧室，使用高明度软装可让居室显得更明亮

三、软装设计与色彩角色

家居空间中的色彩，既体现在墙面、地面、顶面，又体现在门窗、家具上，同时，窗帘、饰品等软装的色彩也不容忽视。事实上，这些色彩具有不同的角色，在软装配色中，了解了色彩的角色，合理区分，是成功配色的基础之一。

❶ 背景色

背景色指的是充当背景的颜色，不限定于一种颜色，一般均为大面积的颜色，如天花板、地板、墙面等，在软装中，窗帘、地毯等均属于背景色。背景色是起到支配空间整体感觉的色彩，因此，在进行家居软装色彩设计时，先确定背景色可以使整体设计更明确一些。

▲素雅的背景色可塑造出柔和、舒适的氛围

▲背景色以白色搭配蓝灰色，静雅且不乏动感

❷ 主角色

主角色通常是空间中的大型家具、陈设等类型的软装，例如沙发、屏风帘等。它们是空间软装的主要部分、视觉的中心，其色彩可引导整个空间的走向。决定空间整体氛围后，主角色可以在划定的范围内选择自己喜欢的色彩，其并不限定于一种颜色，但不建议超过三种颜色。

▲餐厅中，餐桌椅共同构成了主角色

▲沙发组合中尺寸较大的主沙发是客厅中的主角色

❸ 配角色

　　配角色与主角色是空间软装的"基本色"。配角色主要起到烘托及凸显主角色的作用，它们通常是地位次于主角色的陈设，例如沙发组中的脚蹬或单人沙发、角几，卧室中的床头柜等。配角色的搭配能够使空间产生动感、活跃的视觉印象。

▲单人沙发椅与主沙发色差明显，使主角色更突出　　　　　　　▲沙发凳与沙发为同色，统一感更强

❹ 点缀色

　　点缀色指空间中一些小的配件及陈设，例如插花、摆件、灯具、抱枕、盆栽等，它们能够打破大面积色彩的单一性，起到调节氛围、丰富层次感的作用。作为点缀色的陈设不同，其背景色也是不同的，例如花瓶靠墙放置，墙为其背景色；沙发上的靠垫背景色为沙发。需要注意的是，在同一个空间中，点缀色的数量不宜过多，以免显得混乱。

▲空间中的点缀色使用了对比最强的黑白组合，使整体氛围在素雅之中又不乏节奏感

四、软装色彩的组合方式

配色设计时，通常会采用至少两到三种色彩进行搭配，这种使用色相的组合方式称为色相型。色相型不同，塑造的效果也不同。色彩较少的色相型用在家居配色中能够塑造出平和的氛围；而开放型的色相型，色彩数量越多，塑造的氛围越自由、越活泼。

❶ 同相型·类似型配色

完全采用统一色相的配色方式被称为同相型配色，用邻近的色彩配色称为类似型配色。两者都能给人稳重、平静的感觉，通常会在居室的布艺织物的色彩上存在区别。

▲同相型：体现出执著性、稳定感　　▲类似型：色相幅度有所增加，更自然

❷ 对决型·准对决型配色

对决型是指在色相环上位于 180° 相对位置上的色相组合，接近 180° 位置的色相组合就是准对决型。此两种配色方式色相差大，视觉冲击力强，可给人深刻的印象。

▲对决型：充满张力，给人舒畅感和紧凑感　▲准对决型：紧凑感与平衡感共存

▲同相型

▲类似型

▲对决型

▲准对决型

③ 三角型·四角型配色

在色相环上处于三角形位置的颜色组合即为三角型配色，最具代表性的为三原色，它们形成的配色具有强烈的视觉冲击力及动感。

将两组补色交叉组合后，得到的即为四角型配色。在一组补色对比产生的紧凑感上再叠加一组，形成的是冲击力最强的色相型。

▲三角型

▲四角型

▲三角型：极具视觉冲击力　　　　▲四角型：色彩感觉更丰富、活跃

④ 全相型配色

在色相环上，没有冷暖偏颇地选取 5 ~ 6 种色相组成的配色为全相型，充满活力，是最开放的色相型。在软装配色中，全相型最多出现在沙发抱枕或餐具、挂画等软装上。

▲五色全相型

▲六色全相型

▲全相型：多种色彩自由排列，具有极强的开放感

五、软装配色的基本技法

在进行软装配色时，若漫无目的或随意地进行搭配，很容易呈现出混乱而层次不清的效果。在一些基本技法的指导下进行软装配色，更容易达成舒适的效果。

1 突出主色

在进行软装配色时，只有主色足够明确才能够让人产生稳定、安全的感觉。主色在所有色彩中显得足够突出，才能在视觉上成为焦点，如果主色的存在感弱，整体配色会缺乏稳定感。主色可以是艳丽的，也可以是素雅的，即使是素雅的，只要搭配得当，也会显得足够突出。突出主色的方式有两种：一种是直接增强主色；另一种是在主色弱势的情况下，通过添加衬托色或削弱其他配色的方式来保证主色成为绝对焦点。

（1）提高纯度

此方式是使主角色变得明确的最有效方式，当主角色变得鲜艳，在视觉中就会变得强势，自然会占据主体地位。

▲左图中主角色的纯度较低，不够突出；右图提高其纯度后，立刻变得强势起来，整体层次更清晰

（2）增强明度差

明度差是色彩的明暗差距，明度最高的是白色，最低的是黑色，色彩的明暗差距越大，视觉效果越强烈。例如，选择与背景色明度差大的主角色，即可使主角色的主体地位更加突出，令空间更具层次感。

▲书桌与墙面明度差别较大，主角地位突出

▲床与墙面和床品具有高明度差，凸显层次感

（3）增强色相差距

在所有的色相型中，按照效果的强弱来排列，则同相型最弱，全相型最强。增大主角色与背景色或配角色之间的色相差距，也可使主角色的地位更突出。

▶用与沙发椅成对决型组合的沙发墩与其组合，使沙发椅的主体地位更突出

（4）增加点缀色

如果想使用色彩淡雅一些的主角色又担心其主角地位不够明确时，可采取增加一些点缀色的方式来明确其主体地位，同时改变空间配色的层次感和氛围。这种方式对空间和面积没有要求，大空间和小空间都可以使用，是最为经济、快捷的一种改变方式。例如，客厅中的沙发颜色较朴素，与其他配色相比不够突出，就可以选择几个彩色的靠垫放在上面，通过点缀色增加其注目性，来达到突出主角地位的目的。

▲为浅蓝灰色的沙发增加了一组含有对比色的抱枕后，沙发的主体地位立刻被彰显出来

❷ 色彩融合

如果担心空间内的软装颜色因为过于鲜明而失去了统一感，则可在主角色主体地位稳固的基础上，采取靠近色彩的明度、色调以及添加类似或同类色等方式来进行色彩融合。

（1）靠近色彩的明度或色相差

在相同数量的色彩情况下，明度靠近或色相差小的搭配，要比明度及色相差大的一种要更加安稳、柔和。

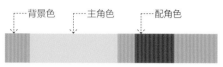

主角色与配角色之间的色相差和明度差都较大，突出主角色的同时带有一些尖锐的感觉

改变配角色的色相和明度，与主角色靠近，在主角色不变的情况下，使空间变得稳重、柔和

◀ 卧室内各部分软装的明度差都比较小，整体给人舒适、柔和的感觉

（2）靠近色调

相同的色调给人同样的感觉，例如淡雅的色调柔和、甜美，浓色调给人沉稳、内敛的感觉等。因此，不管采用什么色相，只要采用相同的色调进行搭配，就能够融合、统一，塑造出柔和的视觉效果。

▲ 书桌与墙面明度差别较大，主角地位突出

▲ 床与墙面和床品具有高明度差，凸显层次感

（3）重复形成融合

同一种色彩重复地出现在室内的不同位置上，就是重复性融合。当一种色彩单独用在一个位置，与周围色彩没有联系时，就会给人孤立、不融合的感觉，这时候将这种色彩同时用在其他几个位置，重复出现时，就能够互相呼应，形成整体感。

▲通过蓝色系软装的重复出现，使室内的配色形成整体感

（4）添加类似色

选取室内的两种角色，通常建议为主角色和配角色，添加与前面任意角色为同类型或类似型的色彩，就可以在不改变整体感觉的同时，实现融合。

▲为主角色添加为近似型的配角色，使空间整体的配色更具融合感

六、软装色彩对空间的调整作用

色彩是调整空间的最简单和最有利的手段，利用色彩给人的不同感觉，即可对建筑结构有缺陷的住宅空间进行调整。根据有彩色给人感觉的不同，可将其分为前进色、后退色、膨胀色、收缩色、重色和轻色等，它们分别具有不同的作用。

❶ 调整空间高度

当空间内的房高低于 2.6m 时，就会使人感觉压抑，此时就可以选择使用色彩的轻重感进行调节。如顶面使用轻色，地毯或大件家具使用重色，制造上升和下沉的视觉感，就可以拉伸房间视觉上的高度，改善压抑感。

（1）轻色

使人感觉轻、具有上升感的色彩，可以称之为轻色。通过比较可以发现，在色相相同的情况下，明度越高的色彩上升感越强，在所有色彩中，无色系的白色是让人感觉最轻的色彩；而在冷暖色相相同纯度和明度的情况下，暖色有上升感，使人感觉较轻，冷色则与之相反。

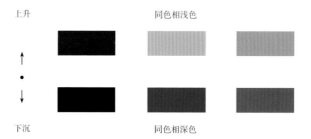

（2）重色

与轻色相对，有些色彩让人感觉重量很重，有下沉感，可以称之为重色。所有的色彩中，无色系的黑色重量感最强。将彩色系的不同色相做比较可以发现，在相同色相的情况下，明度低的色彩比较重；相同纯度和明度的情况下，冷色系感觉重。

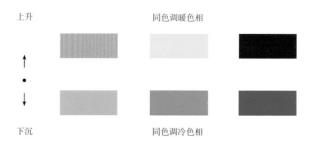

❷ 调整空间的宽窄

与色彩有轻有重类似的是，有的色彩有前进或后退的感觉，有的色彩有膨胀或收缩的感觉。对于一些结构存在宽度窄、长宽比例不舒适、过于狭长等缺陷的户型来说，可以利用这些色彩的特点予以调整。

（1）前进色和后退色

●前进色：将冷色和暖色放在一起对比可以发现，高纯度、低明度的暖色相有向前进的感觉，可将此类色彩称为前进色。前进色能让墙面或软装具有前进感。

●后退色：与前进色相对的，低纯度、高明度的冷色相具有后退的感觉，可称为后退色。后退色能够让墙面或软装显得比实际距离远一些。

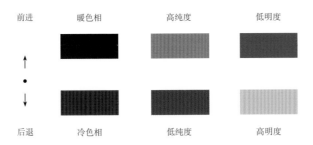

（2）膨胀色和收缩色

●膨胀色：能够使物体看起来比本身要大的色彩就是膨胀色。高纯度、高明度的暖色相都属于膨胀色。在大空间中使用膨胀色，能使空间更充实一些。

●收缩色：收缩色指使物体体积或面积看起来比本身大小有收缩感的色彩。低纯度、低明度的冷色相属于此类色彩，很适合小面积空间。

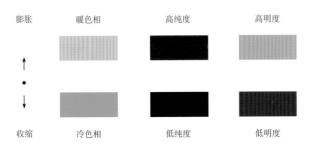

第二节
软装与图案

一、图案的基础知识

❶ 图案在软装中的体现及分类

图案的历史源远流长，早在原始社会，人类就开始使用富有浪漫想象的粗犷图案装饰自身及生存环境。如今，在室内装饰中，除了色彩，图案成为家居美学呈现的另外一个重要元素。图案不仅出现在墙、地、顶的界面装饰中，在软装设计中也常用到各种图案。

（1）布艺图案

图案和布艺的结合最为紧密，布艺图案可以柔化室内空间生硬的线条，赋予居室温馨格调。布艺图案除了出现在窗帘、抱枕、床上用品等布艺上外，也出现在布艺沙发上，所以布艺在室内空间设计上所占面积较大，其图案风格会直接影响到室内总体风格。

▲布艺图案千变万化，为家居空间的装饰设计提供了无限的可能性

（2）装饰画图案

装饰画作为墙面装饰的重要元素，其题材往往对于居室风格具有点睛作用。

▲装饰画的图案，更具艺术感，可为家居空间增添气质

② 软装图案对空间设计的影响

（1）改善空间效果

图案可以通过自身的形状、大小、色彩和明暗来改善空间，通过带给人不同的心理感受来美化空间或者调节空间的不足。

▲大块面图案的软装可以让空间显得更丰满　　　　　　　▲高明度的软装，显得淡雅、柔和

（2）柔化空间感觉

软装图案在一定程度上可以有效柔化空间，例如，现代极简空间黑白灰色居多，线条简洁、流畅，虽然利落，但容易显得刻板、生硬，不妨在软装中加入色彩鲜艳的抽象几何图案，用以增加生活气息；再如，儿童房中多用一些可爱的卡通图案，可以带来活泼、热闹的感觉。

▲布艺和装饰画运用抽象图案，为空间增添了生动的气息

③ 表现特定环境氛围

运用不同的装饰图案语言可以强化、渲染不同的空间氛围。例如，在田园风格中，可以选择典雅、细腻的小碎花图案，来衬托田园风格的浪漫、雅致；在新中式风格中，可以选择含蓄吉祥的象征图案，或具有传统意境的图案，来凸显其简朴、浑厚和意蕴深长；而在欧式风格中，可以选择洛可可风格或巴洛克风格图案，以表达欧式的华美、典雅。

▲带有山水画、四君子等元素图案的软装，可以强化空间内的中式氛围

④ 调节室内环境色调

软装图案设计可以有效协调空间的整体统一性，这是因为在室内设计中，图案设计往往占有较大分量，因此成为构成室内环境色调的重要因素。例如，空间中大量的布艺可以统一色调，但用图案作为不同空间的区分，协调中有变化，给空间带来视觉上的丰富感。另外，如果空间的色彩过于艳丽，也可以增加一些灰色系的图案来压制，避免环境色彩产生刺激感。

在不同的室内空间，同样可以利用色彩和图案相结合的方式体现空间功能。如客厅、餐厅中，可以选择一些暖色调图案增加温馨的气氛；而在卧室中，则可选择一些冷色调的图案来体现安静氛围。

◄空间内的软装色调统一，但图案各有不同，也同样具有丰富的层次

⑤ 体现文化内涵与表达主题

优秀的室内设计往往承载着一定的文化内涵或者具有主题性，利用图案可以达成此种诉求。比如，想要表达空间的灵性、唯美，可以将蝴蝶图案贯穿在居室的软装设计中；要体现空间的雅致、文化韵味，则可以选择带有书法图案的布艺沙发或装饰画。

▲抽象图案的装饰画彰显出主人极高的艺术修养

▲黑白摄影画，具有极强的个性感和前卫感

二、软装图案的构成方式

❶ 重复图案形成规律

　　相同或近似的形态连续地、有规律地反复出现叫作重复。重复构成就是把视觉形象秩序化、整齐化，在设计中呈现出和谐统一、富有整体感的视觉效果。这种构成方式在生活中非常常见，如壁纸、瓷砖、布艺织物中的图案等。

　　这些重复的结构都有一个共同的特点，那就是它们都是由两个以上的元素排列成一个整体，使人感觉到井然有序、和谐统一、节奏感强。采用重复的构成形式使单个元素反复出现，具有加强设计作品视觉效果的作用。

◀重复图案样式的布艺沙发，具有突出的视觉效果

❷ 近似组合图案寓"变化"于"统一"

　　近似构成是将有相似之处的元素进行组合的一种构成形式，寓"变化"于"统一"之中是其主要特征。在设计运用中，通常以某一元素作为基础，采用其基本构成形态之间的相加或相减来求得近似的基本形。近似主要是以基本形的近似变化来体现的，基本形的近似变化，可通过对两个基本形进行相加或相减而取得。

◀采用近似图案设计的软装，统一中蕴含着变化

❸ 渐变图案产生的韵律感

一个基本图形按照一定的大小、方向、位置、形态、色彩等规律渐变，形成一种有条理的图案表现形式，就是渐变构成。渐变构成具有渐近性、规律性、无限性和节奏性等特点。渐变构成最重要的就是渐变的程度，如果渐变的程度大、速度太快，就容易给人以不连贯和视觉上的跃动感；如果渐变的程度太慢，会产生重复感，但具有细致的效果。

◀采用渐变图案设计的挂饰，既有条理性，又不乏变化感

❹ 发散图案产生扩张的既视感

发散图案是以一点或多点为中心，呈向周围发射、扩散等视觉效果，具有较强的动感及节奏感。基本元素有离心式、向心式、同心式等几种发射形式。

❺ 图形对比增强视觉冲击

依靠基本形的形状、大小、方向、位置、色彩、肌理，以及重心、空间、有与无、虚与实的关系等元素的对比，给人以强烈、鲜明的感觉。

▲发散图案样式的地毯具有很强的视觉吸引力

▲高明度对比的装饰画及抱枕，具有鲜明的视觉感

三、软装设计与图案的关系

① 家具的图案

家具在室内装饰中具有两重意义：一是具有满足人们日常生活需要的使用功能；二是其造型、色彩及装饰图案有很强的艺术性，具有审美功能。其审美功能的来源主要体现在形态、色彩、材质、肌理、表面加工和装饰等方面。

当用家具来布置室内空间时，其图案需体现出和谐的感觉。和谐指图案应与室内整体的风格或其他装饰相协调。

▶家具的图案和造型是经过设计和安排的，具有很强的艺术性

② 布艺的图案

（1）床上用品的图案

床品套件包括床罩、床单、被套和枕套等，虽然可以单独搭配，但还是建议选择布艺设计师设计好的套装款式，更容易获得统一中具有变化的效果。在进行搭配时其图案样式、布局排列、色彩配置等应与卧室整体相协调，以取得呼应的艺术效果。如色彩艳丽、图案夸张的款式，适合华丽的卧室而不适合清新的卧室。

◀床上用品的图案具有清新感，与空间整体氛围相协调

（2）抱枕的图案

抱枕是活跃室内氛围的最佳小件布艺，除厨卫空间外，基本上所有的室内空间都可以使用抱枕作装饰。其造型丰富多彩，图案题材多以风景、动物、植物为主，人物形象多作点缀，这就增加了选择的难度。在选择抱枕图案时，可采取"就近原则"，将其以依靠的物体及周围的图案为参考，可直接选取其中的一种或几种，或选择与这些元素搭配协调的类型，更容易获得协调的装饰效果。

▲抱枕图案的选择采取了"就近原则"，与装饰画的图案形成了呼应，塑造出统一中具有变化的效果

（3）帷幔挂饰的图案

窗帘是最常见的帷幔挂饰，其图案有几何形、线条形、苏格兰格子、植物纹、卷草纹、细腻的小碎花以及一些清新的花朵枝叶等，但色彩基本没有什么固定的规律。作为室内空间中占据面积较大的一种布艺，不建议选择图案和色彩过于突出的窗帘，容易显得凌乱，尤其是在小户型中，应注意与家具、墙面等其他部分搭配得和谐。

▲窗帘图案简洁而具有动感，且与抱枕相呼应，更具整体感

▲简洁的竖纹窗帘，与卧室的整体搭配非常和谐

（4）布艺沙发及家具布艺套的图案

传统的布艺沙发图案及家具布艺套的设计多为变形花卉图案、风景建筑图案，图案端庄、典雅、富丽，更适合复古及华丽风格的室内空间；而在现代设计中，布艺沙发及家具布艺套抽象图案、几何图案的比例增大，更多地追求材料和质感与肌理效果，更适合简约和现代类型风格的室内空间。

▲发散图案样式的地毯具有很强的视觉吸引力

▲高明度对比的装饰画及抱枕，具有鲜明的视觉感

（5）桌布、桌旗的色彩与图案

对桌面和桌旗来说，夸张的大花图案美观大方，不容易过时，但此类布艺更适合华丽的风格和宽敞的空间；如果喜欢简单一些、轻松愉快的图案和颜色，可以选择印花布艺，印花布艺的色彩和图案活泼多样，如水果图案、卡通图案、花朵图案等，适合在一般大小的简洁风格空间使用。相较于前两种来说，几何图案的布艺可以给人以温馨舒适的感觉，条纹图案则以多彩的面貌出现，同色系的渐变搭配款式，在平淡中产生一种变化的乐趣。

▶几何图案的桌布搭配格纹图案的桌旗，素雅而不乏层次感，与空间整体搭配也非常协调

（6）装饰画的色彩与图案

装饰画相对于家具等软装来说虽然体积不大，但确实是室内空间装饰的点睛之笔，能够增添美感和艺术气息。在室内环境风格明确的情况下，装饰画的整体外形和图案类型是首先要考虑的因素；其次是装饰画的色彩，除了必须遵守一般的色彩规律外，还应该根据个人的性格、修养和职业不同，使色彩设计充分体现主人的情趣。

◀孩子的房间内选择卡通图案的装饰画，可以增添一些童趣

▲以线、面为主的抽象画，具有极强的现代感，与现代风格居室搭配协调

四、空间软装的图案搭配技法

① 客厅的图案设计

客厅通常是整个家居的活动重心，是居住者品位的体现，也引领着整体设计的走向，因此其图案设计可以说是家居空间整体图案设计的重中之重。

在进行客厅图案的设计时，更建议将居住者的喜好作为首要出发点，这样不仅可以反映出主人的艺术审美观，还可使设计具有十足的个性；而后，再考虑居室风格和面积等因素。

当客厅同时采用了多种类型的图案时，需注意其分布应有主有次，切忌面面俱到，如沙发区若墙面采用了图案感强的壁纸，那么抱枕、地毯等物品上的图案就宜尽量低调一些，家具也尽量选择素色的款式；如果墙面比较素净，软装上的图案就可丰富一些。

◀黑、白、灰为主的图案，进一步强化了客厅中的现代感和简洁感

◀图案设计层次分明，重点放在了地面上，墙面仅使用了画面非常简洁的装饰画

② 餐厅的图案设计

餐厅的图案设计除了要考虑主人的喜好外，还应考虑其功能性。图案方面建议从风格和空间的面积来选择，如中式风格餐厅选择写意山水、花鸟、云纹、福寿纹、神兽纹、书法等装饰画或桌布、桌旗等；欧式风格餐厅则可选择具有西方特点的图案装饰；简约风格餐厅可选几何图形、卡通图案或食物图案等。大餐厅可适当使用夸张的大型图案，也可使用中型图案，但小餐厅却更适合小型图案。

◀新中式风格的餐厅中，选择龙纹的餐椅和水墨纹的地毯，增添了浓郁的古雅气质

❸ 卧室的图案设计

卧室是私密性很强的空间,图案设计应遵循主人的喜好,同时还应彰显舒适、宁静的氛围。面积大的卧室,图案的选择范围比较广,但建议少使用夸张的图案;而面积小的卧室,则适合选择小纹理或条纹、格子的图案做装饰。另外,卧室内的图案数量不宜过多,否则会让人感觉杂乱,影响睡眠质量。

◀图案设计层次分明,重点放在了地面上,墙面仅使用了画面非常简洁的装饰画

▲高明度对比的装饰画及抱枕,具有鲜明的视觉感

④ 书房的图案设计

书房是学习、思考的空间，需要一个宁静、沉稳的环境。图案的选择不宜过于复杂和夸张，最好带有一些文学气质，例如书法图样、字母图样或植物、花卉、山水等，可以用壁纸、装饰画或地毯为载体来呈现。

▲抱枕的图案选择采取了"就近原则"，与装饰画的图案形成了呼应，塑造出统一中具有变化的效果

⑤ 玄关的图案设计

若玄关空间比较规整且与室内整体风格相契合，则可在地面使用一块带有图案的地毯，既可以满足装饰性又可起到划分区域的作用。如果整体风格是比较素净，图案比较简洁的，那么用装饰画的形式来呈现图案设计更合适，图案的风格和组成形式应与室内相呼应，发挥其"剧透"作用。

▲装饰画的图案，展现出了室内装饰的个性追求

▲抽象式的图案，为玄关增添了艺术感

五、软装图案对空间的调节作用

不同的图案对室内空间具有调节作用，作用比较明显的图案类型有条纹和不同大小的图案等。

❶ 条纹图案

较宽的条纹图案具有扩张感，而较窄的条纹具有收缩感；竖条纹图案可拉长界面，横条纹图案可拉宽界面。例如，若卧室的宽度较窄，可以使用横向条纹的床品，在视觉上适当平衡室内整体的比例。

▲斜向细条纹可使室内的对角线显得更长一些　　　　　▲竖向条纹的地毯，有拉伸空间进深的作用

❷ 不同大小的图案

大花型图案可以降低拘束感，同时也具有前进感；有规律的小图案可以彰显秩序感，也能使空间显得更加开阔。因此，当室内面积较小时，更适合使用有规律的小图案的布艺；反之，则适合选择大花型，来避免室内的空旷感。

▲大花型的柜子及装饰画，让没有造型的墙面显得很丰满　　　　　▲有规律的小图案地毯，使房间显得更宽敞

第三章
软装在家居中的运用

软装饰在硬环境的基础上进行，其主要目的是运用软装饰艺术思维和技术手段来美化空间环境。对于家居中不同的功能空间，因为面积、使用人群、性质等条件的不同，软装设计需要区别对待。

第一节
家具与空间陈设

一、家具的作用

① 分隔空间的作用

不同的家具作用不同，将不同作用的家具摆放在不同区域中时，即使是同一个开敞式的空间，也会被分隔成为不同功能的两个或多个空间。

▲在开敞式空间中，利用不同功能的家具，将其分成客厅和餐厅两个功能区域

② 组织空间的作用

在同一个家居空间中，不仅可以利用家具划分成多个不同功能的活动区域，并且还可以通过家具的安排去组织人的活动路线，使人们根据家具安排的不同去选择个人活动和休息的场所。

▲家具的摆放位置，具有左右人行走动线的作用

❸ 填补作用

　　家具的出现使室内给人的感觉才不会显得空旷，家具的摆放设计对整个空间的平衡感有很大影响。例如，在空旷房间的角落里放置一些如花几、条案等小型家具，可使空间平衡，既填补了空旷的角落又美化了空间。

▲小尺寸的休闲椅，填补了角落，让整体空间显得更加丰满

❹ 带来视觉的美感和触觉上的舒适感

　　家具设计反映了当代产品设计的发展，也是艺术和技术的结合，其本身就包含了设计师对美感的表达，在此基础上，还需满足人们的使用需求。所以，将适合的家具摆放在与其相协调的空间中时，不仅可以带来视觉的美感，还能带来触觉上的舒适感。

▲经过精心设计的家具，可提升家居空间的整体美感

二、家具陈设要点

❶ 坚持宁少勿多的原则

如果在一个空间内使用的家具数量过多，不仅不会显得美观，反而还会因为拥堵而影响空间的舒适感。因此，在布置家具时应坚持宁少勿多的原则而适当留白，若不能满足数量的需求，可适当使用一些多功能家具。一般的房间，家具占总面积的 35%~40% 较为合适，在小户型的住宅中，家具的面积可为 55%~60%。

◀在面积较大的空间中，选择体积大但少数量的家具会更舒适

❷ 比例尺度要与整体室内环境协调统一

选择或设计室内家具时要根据室内空间的大小决定家具的体量大小，可参考室内净高、门窗、窗台线、墙裙等。如在大空间选择小体量家具，会显得空旷、小气；而在小空间中布局大体量家具，则会显得拥挤、阻塞。

◀在小客厅中，选择小尺寸的家具会更协调

❸ 风格要与室内装饰设计的风格相一致

室内设计风格的表现，除了界面的装饰设计外，家具的形式对室内整体风格的体现具有重要的作用。对家具风格的正确选择有利于突出整体室内空间的气氛与格调。

▲色彩鲜艳的家具具有显著的现代风格特征   ▲软装的搭配让新中式风格的特点更突出

❹ 动线要合理

居室中家具的空间布局必须合理。摆放家具，要考虑室内人流路线，使人的出入活动快捷方便，同时避免造成使用家具的不方便。摆放时还要考虑采光、通风等因素，不要影响光线的照入和空气流通。例如，床要放在光线较弱处，大衣柜应避免靠近窗户，以免产生大面积的阴影；门的正面应放置较低矮的家具，以免产生压抑感。

▲阳台门口摆放小体积、低矮的家具，便于行走，且不会产生压抑感

三、不同空间家具的陈设方式

① 客厅

　　客厅是用于家庭活动的主要区域，所使用的家具主要是满足坐卧和储物需求，具体可根据客厅面积选择不同类型和数量的家具。数量多了，布置方式就非常重要，宜结合客厅的大小和形状来设计，同时预留出足够的交通空间，才能让整体看起来舒适、美观。

（1）一字形

● 适用空间：长条形客厅、小面积客厅。

● 布置方式：将沙发靠墙成一字形摆放，通常是使用一张三人或双人沙发，茶几摆放在沙发对面的中间。

● 特点：具有温馨、紧凑的感觉，能够充分地节省客厅的面积，增加客厅的活动范围。

（2）L形

● 适用空间：中面积客厅、大面积客厅。

● 布置方式：主沙发使用三人或双人沙发，拐角处使用双人或单人沙发；直接使用L形沙发；主沙发使用三人沙发，拐角使用双人沙发。

● 特点：最灵活多变的一种布置形式，能够充分利用转角处的空间。

（3）U形

● 适用空间：大面积客厅。

● 布置方式：组合方式常见为3+2+1、2+1+1、L形沙发+1或者两个圆弧形转角沙发，中间部分摆放茶几，单人沙发可由休闲椅来代替。

● 特点：能够充分利用空间内的面积，但占用的空间比较多。

（4）围合型

●适用空间：大面积客厅。

●布置方式：以一张沙发为主体，根据面积选择尺寸，通常是三人沙发，其他方位可选择双人或单人沙发以及休闲椅，沙发在四个方位均有布置，整体成围合型，将茶几围合在中间。

●特点：形式上比较灵活多变，占用空间较多。

（5）相对型

●适用空间：中面积客厅、大面积客厅。

●布置方式：可选择完全相同的沙发相对摆放，还可以有很多变化，三人沙发、双人沙发、休闲椅、躺椅、榻等都可以随意组合，茶几摆放在中间位置。

●特点：有利于人员之间的交流，适合宾客或聚会较多的家庭。

小贴士

客厅家具之间的合理尺寸

①沙发靠墙摆放宽度最好占墙面的 1/2 或 1/3。

②高度不超过墙面高度的 1/2，太高或太低会造成视觉不平衡。

③沙发深度建议在 85~95cm。

④沙发两旁最好各留出 50cm 的宽度来摆放边桌或边柜。

⑤茶几跟主沙发之间要保留 30~45cm 的距离（45cm 距离最舒适）。

⑥茶几高度最好与沙发被坐时一样高，大约为 40cm。

⑦视听距离通常以电视机屏幕的英寸数乘以 2.54 得到电视机对角线长度，而此数值的 3~5 倍即是比较合理的视听距离。

❷ 餐厅

　　常见的餐厅有两种形式，一种是独立的餐厅，另一种是从客厅中用家具或隔断分隔出的相对独立的用餐空间，餐厅内常用的家具包括餐桌椅、餐边柜、吧台、酒柜等，但无论哪种餐厅，不可缺少的家具就是餐桌椅，它们是餐厅家具布置的重点，具体方式取决于餐厅的面积、形状以及家人的生活习惯。

（1）平行对称式

　　●适用空间：小面积餐厅、中面积餐厅、大面积餐厅。

　　●布置方式：将餐桌椅以餐桌为中线对称摆放，边柜等家具与餐桌椅平行摆放。餐桌最适合使用长方形的款式，也可选择方形或圆形款式。

　　●特点：具有简洁、干净的效果。

（2）平行非对称式

　　●适用空间：小面积餐厅、中面积餐厅。

　　●布置方式：整体上的布置方式与平行对称式相同，区别是一侧的餐桌椅采用卡座或其他形式，来制造一些变化。餐桌适合选择长方形的款式。

　　●特点：效果个性，能够预留出更多的交通空间，彰显宽敞感。

（3）客餐一体式

●适用空间：餐厅与客厅为一体式布局。

●布置方式：餐桌椅一般贴靠隔断布局。家具较少，规划时应考虑到家具的多功能使用性。餐厅和客厅之间可用家具、屏风、植物等做隔断，也可只做一些材质和颜色上的处理。

●特点：适合的范围较广。

（4）餐厨一体式

●适用空间：厨房较大没有餐厅或厨房与餐厅相邻，餐厅较小的情况。

●布置方式：餐厅家具以简单、便捷为主。应注意留出部分空间，确保厨房的活动范围。

●特点：上菜快捷方便，能充分利用空间。

小贴士

餐厅家具之间的合理尺寸

①单人经过的通道宽度为 60cm（侧身通过为 45cm）。

②两人擦肩而过的宽度为 110cm。

③人拿着物体通过的宽度为 65cm。

④就坐时所需的宽度为 80cm。

⑤坐在椅子上同时背后有人经过的宽度为 95cm。

⑥打开餐边柜取物品的宽度为 80cm。

❸ 卧室

卧室内家具的布置重点是床,它多与窗平行摆放,且站在门外时,不能直视到床上的布置。其他家具的位置则取决于门和窗的位置,布置完成后应形成顺畅的动线,具有舒适的氛围。通常情况下,衣柜或收纳柜多布置在床的一侧,梳妆台的摆放则比较灵活。

(1)围合式

● 适用空间:小面积卧室、中面积卧室。

● 布置方式:床与柜子侧面或正面平行,单人床可放在房间的中间或靠一侧墙壁摆放,双人床放在中间,床头两侧可以使用床头柜、书桌等,电视柜或梳妆台放在床对面。

● 特点:可容纳的家具数量较多。

(2)工字形

● 适用空间:中面积卧室、大面积卧室。

● 布置方式:床与窗平行摆放,床可以放在中间,也可以偏离一些;床两侧摆放床头柜、学习桌或梳妆台,衣柜或收纳柜摆放在床头对面的墙壁一侧,与床头平行。

● 特点:可容纳的家具数量较多。

（3）C字形

●适用空间：适合用在青少年、单身人士卧房或兼做书房的小面积房间内。

●布置方式：将单人床靠窗摆放，沿着床头墙面及侧墙布置家具，整体呈现C字形。

●特点：能够充分地利用空间，满足单人的生活、学习需求。

（4）混合式

●适用空间：大面积卧室。

●布置方式：根据需求，可在卧室内规划出一个步入式的衣帽间，也可利用隔断隔出一个小书房，写字台和床之间用小隔断或书架间隔。

●特点：卧室的功能更多样化。

小贴士

卧室家具之间的合理尺寸

①主卧、客卧、老人房睡床预留尺寸：床侧留有空间，方便上下床；也可以摆放床头柜，方便收纳，预留距离为40~50cm，床尾距墙面要预留一定空间，方便行走，预留距离为50~60cm。

②儿童房（一个孩子）睡床预留尺寸：只在睡床一侧预留出空间方便行走，预留距离为40~50cm。

③儿童房（两个孩子）睡床预留尺寸：两张睡床之间至少要留出50cm的距离，方便两人行走。

④衣柜预留尺寸：衣柜的深度一般为60cm，放取衣物时要为衣柜门或拉出的抽屉留出一定的空间；人在站立时拿取衣物大致需要60cm的空间；如果是有抽屉的衣柜，最好预留出90cm的空间。

❹ 书房

书房是家居中比较严肃的区域，家具的布置宜以工作和学习的便利为前提，尽量简洁、明净。常用的家具有书桌、座椅、书柜、边几、角几、单人沙发等。书桌是必备的家具，它的摆放位置与窗户的位置有直接关系，既要保证光线充足又要避免直射。大书房可将书桌摆放在中间，小书房则适合将书桌靠窗或放在墙壁的拐角处。

（1）一字形

●适用空间：小面积书房、多功能书房。

●布置方式：书桌靠墙摆放，书橱悬空在书桌上方，人面对墙进行工作或学习。

●特点：节省面积，能够有更多富余空间来安排其他家具。

（2）L形

●适用空间：小面积书房。

●布置方式：书桌靠窗或靠墙角放置，书柜从书桌方向延伸到侧墙形成直角。书桌对面的区域可以摆放沙发或休闲椅。

●特点：占地面积小，且方便书籍的取阅。

（3）U形

●适用空间：中面积书房、大面积书房。

●布置方式：将书桌摆放在房间的中间，两侧分别布置书柜、书架或座椅等家具。

●特点：使用较方便，但占地面积大。

（4）T形

● 适用空间：小面积书房、中面积书房。

● 布置方式：书柜放在侧面墙壁上，布满或者半满，中部摆放书桌，书桌与另一面墙之间保持一定距离，成为通道。

● 特点：能够在较小的空间内，容纳较多的书籍。

（5）平行式

● 适用空间：小面积书房、中面积书房、大面积书房。

● 布置方式：让书桌、书柜与墙面平行布置，书桌放在书柜前方，如果空间充足，对面可以摆放座椅或沙发。

● 特点：使书房显得简洁素雅，形成一种宁静的学习氛围。

第二节
布艺与室内搭配

一、布艺的作用

❶ 柔化居室线条

　　在对居室空间进行装修时，首先是墙面、地面、顶面的处理，这些都给人一种冷硬的感觉。而在后期软装设计中，布艺能够起到很大的作用。由于其本身柔软的质感，可以为空间注入一丝温暖的氛围，丰富空间层次。

▲布艺本身具有柔软感，因此能够柔化建筑物冷硬的线条，为家居空间增添温暖感

② 体现居室风格

布艺本身的质感和材质，很容易体现各种不同的家居风格。从现代到古典，从简约到奢华，布艺都能够轻松体现出来，运用时可以根据空间进行选择，从而加强对风格的体现。

▲龙形图案的布艺，具有显著的中式特征

▲简洁配色的布艺，彰显出现代风格简洁的一面

③ 表达个性

布艺的样式和花纹繁多，让人眼花缭乱，而每个人的喜好和性格是不同的，当选择了喜爱的布艺花色进行家居空间的装饰后，最终完成的装饰效果也就代表着挑选者的品位和审美。

▲丝绒和毛皮材料为主的布艺，凸显出低调的奢华感

二、布艺的搭配原则

❶ 要与整体风格形成呼应

　　布艺选择首先要与室内装饰格调相统一，主要体现在色彩、质地和图案上。例如，色彩浓重、花纹繁复的布艺虽然表现力强，但不好搭配，较适合豪华的居室；浅色、简洁图案的布艺，则可以衬托现代感的居室；带有中式传统图案的布艺，更适合中式风格的空间。

◀布艺带有中式传统图案，与新中式风格搭配相得益彰

❷ 选择应以家具为参照

　　一般来说，家具色调很大程度上决定着整体居室的色调。因此选择布艺色彩最省事的做法是以家具为基本的参照标杆，执行的原则可以是：窗帘色彩参照家具，地毯色彩参照窗帘，床品色彩参照地毯，小饰品色彩参照床品。

◀如窗帘、地毯等大面积的布艺，均与沙发颜色呼应

❸ 选择应与空间使用功能统一

布艺在面料质地的选择上，应尽可能选择相同或相近元素，避免材质杂乱。布艺选用最主要的原则是要与使用功能相统一，如装饰客厅可以选择华丽、优美的面料，装饰卧室则应选择流畅柔和的面料。

▲卧室内使用的布艺，应以舒适为主，如纯棉、丝绸等

❹ 准确把握尺寸

悬挂的布艺尺寸要适中，面积大小、长短要与居室的空间等尺寸相匹配，在视觉上也要取得平衡感。如较大的窗户，应以宽出窗洞、长度接近地面或落地的窗帘来装饰。

▲落地窗搭配落地窗帘，比例更舒适

❺ 不同布艺之间应和谐

室内不同类型的布艺之间以及布艺与室内界面、家具之间的搭配应和谐。例如，地毯可使用稍深一些的颜色，床品则可与之在尺寸或色彩上呈现对比，而造型或色彩元素则可以尽量在地毯中选择。

▲地毯与床品之间无论是色彩还是尺寸均搭配得非常和谐

三、不同空间布艺的搭配手法

❶ 客厅

（1）窗帘

客厅窗帘要与整体房间、家具、地板颜色相和谐，一般窗帘色彩要深于墙面。窗帘质地的选择上，薄型织物的薄棉布、尼龙绸、薄罗纱、网眼布等，非常适合客厅。不仅能透过一定程度的自然光线，同时又可以令白天的室内有一种隐秘感和安全感。也可以根据家居风格来选择。例如，想营造自然、清爽的家居环境，可选择轻柔的布质类面料；想营造雍容、华丽的居家氛围，可选用柔滑的丝质面料。

（2）地毯

客厅是走动最频繁的地方，因此选择地毯时除了美观度之外，最好考虑耐磨、耐脏等性能。地毯花型最好按照家具的款式来配套；如不好确定，可以选择花型较大、线条流畅的地毯图案，能营造开阔的视觉效果。

小贴士

客厅地毯尺寸的选择

小面积客厅的地毯不宜过大，尺寸比茶几稍大就可以，这样会显得精致。如果客厅面积较大，在 $20m^2$ 以上，地毯不宜小于 170cm×240cm。地毯可以放在沙发和茶几下，使空间更加整体大气。

（3）抱枕

客厅抱枕的色彩可以根据家居主色彩选择。例如，若客厅色彩丰富，选择抱枕时最好采用风格统一、图案简洁、颜色明快的，这样不会使室内环境显得杂乱。若客厅色调单一，沙发抱枕则可以选用一些撞色的款式，这样能活跃氛围，丰富空间的视觉层次。

❷ 餐厅

（1）窗帘

餐厅窗帘的宽度尺寸一般以两侧比窗户各宽出 10cm 左右为宜。底部应视窗帘式样而定，短式窗帘也应长于窗台底线 20cm 左右；落地窗帘一般应距地面 2 ~ 3cm。在样式方面，一般小餐厅窗帘宜简洁，以免使空间因为窗帘的繁杂而显得更为窄小。而对于大餐厅，则宜采用大方、气派、精致的样式。

（2）桌布、椅套

桌布和椅套的选择要注意与餐厅整体大环境相协调。例如，田园风格的餐厅，桌布、椅套的图案应以碎花、格子为主；现代风格的餐厅，桌布、椅套则可以用纯色或条纹。整体来说，餐厅桌布、椅套的图案不要过于烦琐，避免喧宾夺主。

（3）地毯

餐厅地毯的颜色应以空间整体色彩为依据，一般深色较好，若色彩太过绚丽会影响食欲；而且就餐时，常会有汤水溅在地毯上，如果地毯的颜色过浅，则清洗较麻烦。

❸ 卧室

（1）窗帘

卧室窗帘以窗纱配布帘的双层面料组合为多，一来隔声，二来遮光效果好，同时色彩丰富的窗纱会将窗帘映衬得更加柔美、温馨。此外，还可以选择遮光布，良好的遮光效果可以令家人拥有一个绝佳的睡眠环境。

（2）地毯

卧室地毯一般放在门口或者睡床一侧，以小尺寸的地毯或脚垫为佳。色彩上，可以将卧室中几种主要色调作为地毯颜色的构成要素。此外，地毯的质地十分重要。卧室相对客厅等空间，不太注重地毯的耐磨性，应尽量选择一些天然材质的地毯，脚感舒适，且在干燥季节，不会产生静电，体现高品质的生活。

（3）床品

床品是卧室的主角，它决定了卧室的基调。无论哪种风格的卧室，床品都要注意与家具、墙面花色相统一。另外，除了满足美观要求外，卧室床品更注重舒适度。舒适度主要取决于采用的面料。好的面料应该兼具高撕裂强度、耐磨性、吸湿性及良好的手感。

❹ 书房

（1）窗帘

书房窗帘在颜色上应避免花哨，以防降低工作、学习效率。另外，色彩过于艳丽的窗帘还会给人眼花缭乱的感觉。书房适宜木质百叶帘、素色纱帘，以及隔声帘。

（2）地毯

由于书房的色彩多为明亮的无彩色或灰棕色等中性颜色，为了得到一个统一的色调，一般地面颜色较深，地毯也应选择一些亮度较低、彩度较高的色彩。

四、用布艺渲染节日氛围的方法

① 春节的布艺设计

●色彩：红色是中国人心中最能体现出喜庆感的色彩，因此，在春节时，可以在家居环境中适当布置红色软装，给人带来其乐融融、瑞气呈祥的家居氛围。需要注意的是，红色不适合大面积运用，更适合做点缀色。另外，橙色、金色、绿色这三种颜色可以表现出一种欢乐、富足、生机勃勃的感觉，也可用在春节软装中表达喜庆气氛。

●图案："福"字是春节家居中常出现的形状图案，可以为家居环境带来吉祥的寓意；另外，灯笼、窗花、年画这类能够表现中式传统文化的元素，运用在春节软装中，也可以很好地表现出浓郁的年味儿。

▲红色的软装，极具喜庆感

▲福字图案的布艺尤其适合春节

② 情人节的布艺设计

●色彩：白色、粉红色、大红色都能表达出爱意，因此以这三种颜色为主的软装搭配最契合情人节的氛围。白色代表爱情的纯洁和婚姻的贞洁；粉红色代表可爱浪漫、富有幻想色彩；红色代表热情奔放，能体现出热情、大胆的个性。

●图案：传递心意的花朵、心形，带有"爱""LOVE"等图案的布艺都能很好地表现情人节的浪漫气氛。

▲粉色的软装，很适合表现情人节的浪漫氛围

▲带有爱心的抱枕，很适合传达爱意

❸ 万圣节的布艺设计

●色彩：万圣节的主题色非常明确，深邃的黑色和活泼张扬的橙色成为这个节日的主色调。因此在布置居室选择布艺时，不妨多选择这两个色调。可以从餐桌布、凳套、抱枕、地毯等方面入手。

●图案：南瓜作为万圣节的经典图案元素，在万圣节的出现频率可谓相当高。另外，蜘蛛、蝙蝠、女巫的扫帚、城堡、黑猫等也是适合万圣节的图案。

▲在家居中，少量使用一些南瓜色或南瓜元素的布艺可以很好地烘托出万圣节的氛围

❹ 圣诞节的布艺设计

●色彩：西方人以红色、绿色、白色为圣诞色。因此，在圣诞节来临时可以多选择一些圣诞色的布艺装饰家居。除了这三种颜色外，金色、银色、黄色也可以作为圣诞节布艺装饰的颜色。

●图案：圣诞节是体现欢乐的节日，同时也充满童趣。在图案方面，圣诞老人、驯鹿既是圣诞节特有的元素，也充满童趣，均十分适用。此外，雪花、心形、星星图案等，也可出现在圣诞节的布艺中。

▲绿色与白色组合的桌布，具有圣诞气息　　　　▲适合圣诞节摆放的图案抱枕

五、用布艺体现季节变化的方法

① 春季的布艺设计

●色彩：春天的布艺应多以清新、明亮的色调为主，如明黄色＋白色，芥末绿＋粉色等，这样的配色既温暖，又不失自然清新；此外，珍珠色、奶油色、珊瑚色等在大自然中较常见到的色彩，也可以作为春季家居布艺的潮流色彩。

●图案：带有明媚色彩的地毯、抱枕等布艺，都可以表达出春天的气息。另外，抽象的花卉图案，带有甜美气息的小碎花，独具童趣的波点形图案，都能给人们带来春日里大地复苏的美好感觉，可以作为春季家居布艺的常用图案。

▲黄绿色搭配蓝色的布艺，清新而又不乏温暖感　　▲花卉图案的布艺，可表现春季万物复苏的特点

② 夏季的布艺设计

●色彩：夏季的布艺搭配应给人带来清爽感，因此，冷色调就十分契合。其中蓝色是最能代表清凉的色彩，与白色搭配能够散发出沁人心脾的清新味道。另外，米色、淡灰、浅紫等，也都是合适用在夏天的颜色。

●图案：夏日布艺图案可选多姿多彩的动物图案、五彩缤纷的花卉图案、不规则形状的几何色块、海洋元素等，它们都可以让夏日家居回归到最自然、最原始的快乐之中。

▲蓝色的布艺，为卧室增添了十足的清凉感　　▲几何图案及卷草纹图案的布艺都很适合夏季

❸ 秋季的布艺设计

● 色彩：秋季为了让家居环境看起来温暖、柔和，可以选择一些暖色系配色的布艺，但是注意色彩不要过于亮丽，应在选择的颜色当中适当添加一些灰色的基调，搭配起来会更加和谐，像棕色、米色、酒红色、墨绿色等可以让室内充满雍容大气之感。

● 图案：大花图案的布艺软装，干花、枯枝、丰收主题的装饰画等，都能将秋风带来的萧瑟一扫而尽，是秋季软装的首选。

◀ 橙色和黄色组合的布艺，具有收获的喜悦感和欢乐感

❹ 冬季的布艺设计

● 色彩：冬季的布艺色彩与夏季刚好相反，应尽量避免大面积冷色调的运用，红色、橙色、深棕色、土黄色等暖色是冬日布艺色彩的首选。还可以适量添加白色调来营造冬雪的气氛。

● 图案：不规则的长绒毛地毯，梅花、经典的格子、充满朝气的向日葵或火焰造型的图案等，都能营造出冬季温暖的气息。

▲ 长毛的橘红色挂毯，具有很强的温暖感

▲ 类似火焰造型的图案，非常适合寒冷的冬季

第三节
灯饰与照明设计

一、灯饰的作用

❶ 基本的照明作用

  光是人能够看清物体的必要条件之一。在白天，自然光照即可充分满足室内的照明需求，而在夜晚，则需要依靠照明设备来照亮室内空间，以满足人们的活动需求。

▲不同位置的照明，可满足人们不同的生活需求

❷ 装饰性作用

  随着人们对美的不断追求，灯饰的款式也越来越多，其外形的设计不仅是为了包裹内部的照明设备，同时还具有装饰作用。比如说欧式吊灯、实木吸顶灯、落地灯等，都可以起到很好的装饰作用。

▲吊灯、台灯与墙面挂饰形成了一个装饰的整体　　　　　▲圆形的线型吊灯，打破了沉闷感

❸ 渲染氛围

除了灯饰的外表和造型各异外，灯饰内部的照明设备发出的光线颜色是有区别的，例如白炽灯的光线偏黄，荧光灯偏白，还有一些其他色彩的彩色灯光。这些不同颜色的光线，可以丰富室内的色彩，并渲染出不同的气氛、意境。

◀黄色的灯光，可为居室增加温馨感

❹ 加强空间的立体感

不同类型的灯饰，照射出的光线是不同的。即使是同一种灯饰，也会因为安装的位置、距离、界面的造型等因素的不同，而呈现出不同的光影变化。这些丰富的光影组合，可让家居空间内的立体感变得更强。

▲ 不同角度的光线，让空间呈现出丰富的光影变化，加强了空间整体的立体感

二、室内光环境的设计原则

① 明确灯饰的装饰作用

在选择灯饰的外形时，首先要明确此灯饰在家居空间中所扮演的角色。例如在一个天花板很高的空间中，想要弱化这种高度带来的空旷感，就可以使用吊灯。因而需要考虑吊灯的风格、需要的规格、照明的颜色等，这些元素都会影响空间的整体氛围。

◀客厅中的主灯为金色金属和透明亚力克结合的吊灯，彰显出了客厅低调奢华的装饰效果

② 灯饰风格应统一

通常情况下，在一个家居空间中，为了满足不同的活动需求，很少会只使用一种灯饰。这些灯饰的风格应是相统一的，以避免各类灯饰造型产生冲突，若想要制造一些变化，可以通过色彩或材质来实现。

◀卧室内的灯饰，均为金色系几何造型的款式，具有很强的统一感

❸ 风格要与室内装饰设计的风格相一致

室内设计风格的表现，除了界面的装饰设计外，家具的形式对室内整体风格的体现具有重要的作用。对家具风格的正确选择有利于突出整体室内空间的气氛与格调。

▲在现代风格的家居空间中，金属材质、几何造型的灯饰是非常常见的

❹ 垂挂类灯饰的高度应恰当

灯饰的选择除了造型和色彩等因素外，还需结合所挂位置的高度、大小等综合考虑。例如，较高的空间灯饰下垂的高度也应增加，以使灯饰占据空间纵向高度上的重要位置，使垂直维度的层次更丰富。

❺ 与饰品组合强化装饰效果

将灯饰与饰品组合设计，可起到强化室内装饰效果的作用，最常见的是用筒灯或射灯来照射饰品。或者，可以将饰品与台灯、落地灯等一起陈列，也可以将挂画和壁灯一起排列在墙面上。

▲吊灯下垂高度增加，可使垂直方向的层次更丰富　　　　▲落地灯与墙面上的工艺品组合，使装饰效果更突出

三、不同空间的光环境营造

① 客厅

通常来说，根据客厅面积的不同，需要一盏或两盏主灯以及多盏辅助照明，在满足基本照明需求的同时，兼顾氛围的营造。主灯通常为吊灯或吸顶灯，辅助灯包括筒灯、射灯、壁灯、落地灯或台灯等。

（1）电视墙灯饰运用

电视墙是客厅中的主要部分，其灯光设计应突出一些，可以安装一些筒灯或射灯照射在墙面上，来强调它的主体地位。如果墙面部分有造型，还可以在电视机后方设计一些暗藏式的灯具，利用光线的漫反射减轻视觉的明暗对比，缓解视觉疲劳。

（2）沙发墙灯饰运用

沙发区是家人活动集中的区域，在设计灯光时，不能仅仅考虑到装饰效果，还要考虑到人们坐在沙发上时的感受。如果灯具的光线太强，容易引起炫光和阴影，使人们感觉不舒适。建议不要选择炫目的射灯，筒灯、台灯、壁灯等更适合。

（3）饰品灯饰运用

在大面积的客厅中，除了电视墙和沙发墙外，还会经常设计一些小的景观，它们也是需要突出的对象。可以有针对性地在这些装饰的上方，安装 1 ~ 3 盏聚光性的灯具，进行重点照明，用光影的对比效果来强调它们，以彰显品位。

（4）阅读灯饰运用

有些家庭的客厅还需要满足阅读的需求，大部分会在沙发区同时实现阅读功能，也有可能会安排在阳台上。此时，可以在座位附近安装一个阅读用的落地灯，光线可以集中向下或者也可以是上下均透光的款式，灯泡需具备防频闪功能，以避免对眼镜造成伤害。

② 餐厅

一般来说，餐厅灯具大多采用吊灯，因为光源由上而下集中打在餐桌上，会令用餐者将焦点放在餐桌食物上；而且灯光最好使用黄色，这样会令食物看起来更加美味，从而调动用餐者的食欲。如果餐厅的面积较大，则可适当安装一些辅助灯饰，如筒灯等。

在选择吊灯时，要注意灯具距离地面的高度，其最适合的高度为160cm，距离桌面的距离为65cm，这样的空间比例为最佳。在安装吊灯时，吊灯一定要对准餐桌的中心位置；如果安装壁灯，餐桌摆放的位置就不会受到任何限制；而选用落地灯时，摆放位置就要随着照明度和实际用途做调整。

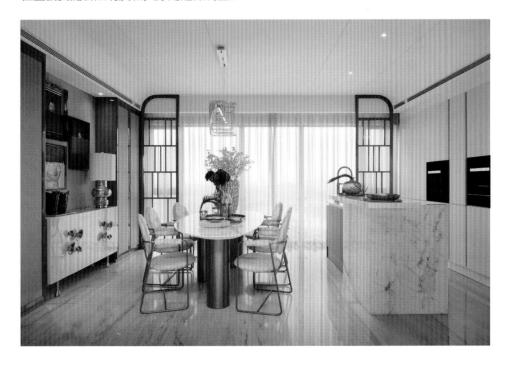

❸ 卧室

卧室是私密性非常强的空间，所以灯光应柔和、舒缓，能够缓解人们一天的疲劳迅速入睡为佳。卧室内的照明可以分为两类：一类是普通照明用的灯具，包括主灯和辅助灯具；另一类是装饰性灯具，作用是烘托氛围，丰富装饰层次，可以根据需要来具体搭配。

（1）整体照明

卧室内的整体照明可以根据房间的高度来进行选择，如果房间比较低矮，可以使用吸顶灯或明装式筒灯；如果房间高度足够，可以使用吊灯或安装式筒灯做主灯，主灯最好采用双控形式，使用起来更便利。

（2）局部照明

卧室的局部照明集中在床头附近，可以使用筒灯、壁灯、台灯等局部光源，若有阅读需求，台灯更适合。光照不能过强，暖色光源比较适合。如果有梳妆台，还应在镜子两侧安装化妆灯，可以避免阴影的产生。

（3）装饰性照明

除了实用性的灯具外，装饰华丽的卧室内还需要一些具有烘托氛围和增加灯光层次感的灯具。有吊顶或立体墙面造型，可以在上方或后方安装暗藏灯带；如果床头的墙面有重点装饰，还可安装筒灯或射灯来进行补光。

④ 书房

书房是家居中用于学习和工作的空间，灯具的运用应满足这些需求，除了明亮、舒适外，还应分布均匀、自然柔和，避免对眼睛造成刺激而损害视力。

如果是与客厅或卧室连通的书房，主灯可根据整体居室的面积来决定安装与否，独立式书房则建议安装主灯。除此之外，书桌上应有台灯，习惯在沙发或休闲椅上阅读的人群，还应配置落地灯，书柜如果藏书较多，建议安装筒灯或暗藏灯，方便查找书籍。

第四节
装饰画与空间布置

一、装饰画的作用

❶ 装饰作用

随着生活水平的逐步提高，人们的生活品位、审美情趣等也都在提高。在家居空间中恰当地运用装饰画，可以给人一种视觉上的冲击力，起到画龙点睛的装饰作用。

▲装饰画的画面千变万化，具有不同效果的装饰作用

❷ 增添艺术气质

有时候在家中墙上挂上一幅装饰画，能够有效地衬托出家中的艺术气息或人文气息。但这需要合理搭配，因为它不仅要和周边的环境协调，与家中的家具和谐，与装潢的风格也要融合。

▲美式风格使用植物主题装饰画凸显自然感　　　　　　▲新中式风格搭配水墨画相得益彰

③ 提升空间感

　　装饰画不仅可以美化房间，还可以提升空间感。例如在现代风格的家居空间中，选择一些简单明快的抽象装饰画，就能够有效地起到提升空间的作用，达到一种明快的空间感。

▲素雅的空间中，使用一些简单明快的抽象画，可提升空间感

④ 凸显风格特征

　　每一种装饰风格都有其对应的代表性色彩和装饰元素，选择带有这些元素的装饰画用在空间中，即可起到进一步凸显风格特征的作用。例如，在新中式风格的居室内使用水墨山水画、在简欧风格的居室内使用油画等。

▲山水图案的水墨装饰画，使客厅的新中式风格更突出

二、装饰画的布置原则

① 选择与室内同风格的装饰画

　　装饰画最好根据室内风格来定，如果同时要安排几幅画，必须考虑之间的整体性，要求画面是同一艺术风格，画框是同一款式，或者相同的外框尺寸，使人们在视觉上不会感到散乱。偶尔也可以使用一两幅风格截然不同的装饰画作点缀，但如果装饰画特别显眼，同时风格十分突出，最好按其风格来搭配家具、靠垫等。

◀画面具有连贯性的装饰画，更具整体感

② 墙面应适当留白

　　选择装饰画时，首先要考虑悬挂墙面的空间大小。如果墙面有足够的空间，可以挂置一幅面积较大的装饰画；当空间较局促时，则应当考虑面积较小的装饰画，这样才不会令墙面产生压迫感，同时，适当的留白也可以提升空间品位。

◀适当的留白，可以使装饰画的画面更凸显，还可以让空间整体的比例更舒适

③ 根据墙面材料选画

如果墙面为乳胶漆且色调较平淡，可以选择色彩对比强烈的装饰画，而深色或色调明亮的墙面可选择摄影画；若墙面为壁纸，则可根据壁纸图案来选画，例如中式壁纸选择国画；若墙面使用的是木质材料，则可搭配木质画框的装饰画。

▲搭配对比色的装饰画，打破了乳胶漆墙面的平淡感

▲百搭的条纹壁纸搭配立体水墨画，使卧室新中式韵味更突出

④ 根据居室色调选画

总体来说，家居内的色调可分为白色、暖色和冷色三种类型。白色调的居室，装饰画的选择可随意一些；暖色和冷色为主的居室，更建议选择色彩成对比感的装饰画，例如暖色房间选择冷色装饰画，反之亦然，或者也可以选择百搭的无色系装饰画。

▲冷色调为主的客厅，搭配黑白画面的装饰画，十分和谐

三、装饰画墙面的布置方式

❶ 单幅悬挂

单幅悬挂是一种非常常见的装饰画布置方式，操作起来比较简单，能够让人的视线聚焦到悬挂位置上，将装饰画作为视觉中心，面积小和面积大的墙面均可使用此种方式。布置时，除需要覆盖整个墙面的类型外，装饰画的四边都应留有一定的空白。

❷ 重复式

此种方式是将三四幅造型、尺寸相同的装饰画平行悬挂，作为墙面的主要装饰，面积小和面积大的墙面均可使用此种方式。装饰画的图案包括边框应尽量简约，浅色或无框的款式更为适合。

❸ 水平线式

此种方式适合相框尺寸不同、造型各异的款式，可以画框的上缘或者下缘定一条水平线，沿着这条线进行布置，一边平齐即可，适合面积较大的墙面。布置时，大小可搭配选用，统一会显得呆板。

④ 建筑结构式

此种方式是沿着门框和柜子的走势悬挂装饰画，或以楼梯坡度为参考线悬挂。适合房高较高或门窗有特点的户型，也可用在楼梯间内，适合面积较大的墙面。装饰画最好是成系列的作品。

⑤ 对称式

此种操作方式是将两幅装饰画左右对称或上下对称悬挂，适合同系列画面但尺寸不是特别大的装饰画，面积小和面积大的墙面均可使用此种方式。适合选择同一内容或同系列内容的画作。

⑥ 方框线式

根据墙面的情况，需要先在心里勾勒出一个方框形，并在这个方框中填入画框。尺寸可以有一些差距，但画面风格统一最佳，适合面积较大的墙面。可以放四幅、八幅甚至更多幅装饰画，悬挂时要确保画框都放入了构想中的方框中。

四、不同空间装饰画的布置手法

1 客厅

客厅装饰画的主题可以根据居室的风格来定，比如现代风格的居室可以选择带有抽象意义的装饰画或摄影画。在色彩上，装饰画需和整体空间的色调相协调，一般多选择明快、清丽的色调。悬挂高度一般以 50~80cm 为佳，总长度不宜小于主体家具的 2/3，且略窄于主体家具，如果空间高度在 3m 以上，可以选择尺寸较大的装饰画。

（1）大客厅

在面积为 25~35m^2 的大客厅中，单幅装饰画以 60cm×80cm 左右为宜。通常以站立时人的视点平行线略低一些作为画框底部的基准，沙发后面的画则要挂得更低一些。大客厅也可以选择尺寸大的装饰画，营造一种宽阔、开放的视野环境。

（2）小客厅

在面积低于 25m^2 的小客厅中，选择中型挂画，显得比较大方；另外，小客厅也可以选择多挂几幅尺寸略小的装饰画作为点缀，或者制作一面照片墙。

❷ 餐厅

餐厅装饰画题材上以水果、写实风景较为适合，色彩上适合选用以橙、黄、粉为主的暖色调挂画，不宜选用偏暗色系的画。除了装饰内容，餐厅装饰画的尺寸也应注意，尺寸一般不宜过大，以60cm×60cm、60cm×90cm为宜。另外，挂画时应居于餐桌的中线位置。

❸ 卧室

卧室装饰画一般悬挂在卧室背景墙，也可以在床的对面或侧面墙壁上。其内容应以简洁为主，题材过于杂乱的装饰画容易妨碍睡眠。卧室装饰画的高度一般在50~80cm，长度根据墙面或者是主体家具的长度而定，不宜小于床长度的2/3。

❹ 书房

书房装饰画应以清雅、宁静为主，不要太过鲜艳跳跃，以免分散学习、工作的注意力。色调选择上也要在柔和的基础上偏向冷色系，以营造出"静"的氛围。书房装饰画要与书房的文化氛围相吻合，可以选择一些合适的书画作品进行装饰。

一、花艺与绿植的作用

① 净化空气

在家居中适合的位置围摆放花艺与绿植，不仅能够在空间中起到抒发情感、营造居室良好氛围的效果，还能吸收空气中的有害物质，使室内空气更清新。

▲ 不同类型的绿植，具有净化空气中不同有害物质的作用

② 塑造个性

将花艺及绿植的色彩、造型、摆放方式与家居空间及业主的气质品位相融合，可以使空间或优雅、或简约、或混搭，风格变化多样，充分展现个性，激发人们对美好生活的追求。

▲ 花艺及绿植的所选品种及摆放位置等因人而异，也是因为如此才能塑造出不同的个性

❸ 增添生机

现在的生活节奏比较快，人们很难享受到大自然带来的宁静感，在家居中摆放一些花艺和绿植，能够让人们在室内空间中贴近自然、放松身心、享受宁静，舒缓心理压力，缓解紧张工作带来的疲惫感。

▲花艺和绿植可以为家居空间增添生机，并缓解疲惫感

❹ 分隔空间

在装饰家居空间的过程中，利用花艺和绿植的摆放来规划室内空间，具有很大的灵活性和可控性，并能够提高空间的利用率。花艺和绿植的分隔性还具有含蓄、单纯、空灵之美，且它们本身的线条还能增强空间的立体感。

▲客厅与休闲室之间使用绿植分区，比硬性隔断感觉更自由、更灵动

二、花艺的装点原则

1 色彩与家居色彩要相宜

　　若空间环境色较深，花艺色彩以选择淡雅为宜；若空间环境色简洁明亮，花艺色彩则可以用得浓郁、鲜艳一些。另外，花艺色彩还可以根据季节变化来运用，最简单的方法为使用当季花卉作为主花材。

◀在面积较大的空间中，可以选择体积大但少数量的家具，会更舒适

2 花艺之间的配色需和谐

　　一种色彩的花材，色彩较容易处理；而涉及两三种花色则须对各色花材审慎处理，应注意色彩的重量感和体量感。色彩的重量感主要取决于明度，明度高者显得轻，明度低者显得重。正确运用色彩的重量感，可使色彩关系平衡和稳定。例如，在插花的上部用轻色，下部用重色，或是体积小的花体用重色，体积大的花体用轻色。

◀花艺的色彩与布艺、家具等都有所呼应，同时花艺之间的配色也非常和谐

三、绿植的装点原则

① 应与整体色彩相协调

若空间环境色调浓重，则植物色调应浅淡些。如南方常见的万年青，叶面绿白相间，在浓重的背景下显得非常柔和。若环境色调淡雅，植物的选择性相对就广泛一些，叶色深绿、叶形硕大的和小巧玲珑、色调柔和的都可选择。

▲客厅整体色彩较为淡雅且家具陈设的流动性很强，选择大叶片、中绿色的植物很具舒适感

② 摆放数量不宜过多、过乱

一般来说，居室内绿化面积最多不得超过居室面积的 10%，否则会使人觉得压抑，且植物高度不宜超过 2.3 m。另外，在选择绿植的造型时，还要考虑家具的造型。如在长沙发后侧摆放一盆高而直的绿色植物，就可以打破沙发的僵直感，产生一种高低变化的节奏感。

▲较为宽敞的客厅中，仅选择一棵大型绿植再搭配适量的小型绿植，即可制造节奏变化又不会使人感觉混乱

四、不同空间花艺、绿植的装点手法

❶ 客厅

客厅是全家人日常生活最主要的活动空间，也是亲朋好友聚会的地方，可以选择摆放一些果实类的植物或招财类植物，如富贵竹、发财树、君子兰等。植物高低和大小要与客厅的大小成正比，位置让人一进客厅就能看到，不可隐藏。

客厅花艺不要选择太复杂的材料，花材持久性要高，不要太脆弱。色彩以红色、酒红色、香槟色等为佳，尽可能用单一色系，味道以淡香或无香为佳。客厅的茶几、边桌、电视柜等地方都可以用花艺做装饰。需要注意的是，客厅茶几上的花艺不宜太高。

❷ 餐厅

餐厅环境首先应考虑清洁卫生，植物也应以清洁、无异味的品种为主。另外，餐厅是就餐的地方，应避免摆放有浓烈、特殊香味的花卉、绿植。

相对客厅而言，餐厅花艺的华丽感更重，凝聚力更强，色彩以暖色为主，可提升食欲。另外，餐桌上的花艺高度不宜过高，不要超过对坐人的视线，圆形餐桌可以放在正中央，长方形餐桌可以水平方向摆放。

③ 卧室

卧室追求宁静、舒适的气氛，内部放置植物，要有助于提升休息与睡眠的质量，可选择的植物有橡皮树、文竹、绿萝等。另外，卧室不宜放置过多植物，但可养些原产于热带干旱地区的多肉植物。这类植物不但在夜间吸收二氧化碳，连在呼吸过程中产生的二氧化碳也自行吸收消化，不向外部排放，因而使空气清新。

在卧室中，一般会在床头柜上摆放花艺，花材色彩不宜过多，1~3 种即可，避免造成视觉上的混乱；另外，也可以摆放一束薰衣草干花，具有安神、促进睡眠的效果。

④ 书房

书房绿植最好给人以朝气蓬勃、生机盎然的感觉，可以令人在工作、学习时保持一种良好的精神状态。适合摆放四季常绿的植物，例如吊兰、芦荟等。

书房适合摆放的花艺和卧室类似，不宜选择色彩过于艳丽，花型过于繁杂、硕大的花材，以免产生拥挤、压抑的感觉。在布置时可以采用"点状装饰法"，即在适当的地方放置精致小巧的花艺装饰，起到点缀、强化的效果。

五、用花艺、绿植增添节日氛围

❶ 客厅节日花艺、绿植的布置

（1）花艺的布置

客厅可以选择郁金香、玫瑰、红掌等类型的鲜花或带有节日气氛的干花制作节日花艺，色彩可选红色、酒红色、香槟色等，尽可能用单一色系。过年可选用中国红，比较喜庆、稳重。如需要，可用绿色造型的叶子当背景花材。

（2）绿植的布置

节日时使用的绿植可以略带一些活泼的色彩来烘托喜庆的氛围，观果植物、观花植物或具有吉祥寓意的植物均较为适合，如金橘、富贵竹等。

❷ 壁炉上节日花艺的布置

壁炉上摆放的节日花艺，可以用一个系列的花器或烛台等装饰。运用不同高度的花器，可产生层次感，产生三度空间的美。花器的高度占到壁炉上部分的 2/3 比较合适，有厚度感。花艺色彩除红色还可选择香槟色、玫瑰色、黄色等，根据不同的节日，还可以加一点鞭炮、苹果、圣诞铃等装饰。

③ 餐厅节日花艺、绿植的布置

（1）花艺的布置

与客厅相比，在节日时，餐厅中的花艺可以更华丽、凝聚感更强一些，花材可选玫瑰、百合、兰花、红掌、郁金香等，色彩可以红色系为主，但可多样化一些。可以将单朵或多朵的花插在同样的花瓶中，多组延伸，根据人数多少，对花瓶有弹性地增减，餐桌上可以洒一些花瓣、玻璃珠，营造节日气氛。

（2）绿植的布置

在节日时，建议以花艺作为烘托餐厅的主角，而若餐厅的面积比较大，则可在角落摆放少量大型具有吉祥寓意的观果植物，如金橘。

④ 卧室、书房节日花艺的布置

卧室和书房与公共区域相比，更需要安静的氛围，且大部分家庭中的卧室和书房面积都比较局促，因此不建议对绿植进行更换。花艺方面，可将部分主花换成红色、橙色或黄色等具有节日氛围的花材，其他部分保持素雅的基调即可，避免使人感到烦躁。

第六节
工艺品与空间应用

一、工艺品的作用

❶ 渲染氛围

在家居空间中，选择合适的工艺品可以起到渲染气氛的作用。例如在客厅中摆放一些陶瓷类的工艺品，即可营造幽静、古雅的氛围。

▲陶瓷类的工艺品，可以为空间增添幽静、古雅的氛围

❷ 丰富空间层次

工艺品的风格是多种多样的，包括简约、现代、古典、中式、欧式、美式、地中海、东南亚等，它们的造型和色彩都不相同，因此，可以让家居空间的装饰层次更丰富。

▲工艺品的风格、尺寸、造型各不相同，可令家居空间中的装饰层次变得非常丰富

③ 调节色彩

除了特殊的一些设计外，家居中使用的工艺品尺寸通常较小，当室内的整体色彩较为素雅时，就可以使用一些色彩突出的工艺品，来调节居室配色，避免单调感。并且，还可以根据季节来变换工艺品的色彩。

▲工艺品属于家居空间中的点缀色，可以调节整体氛围和配色的层次感

④ 提高装修档次和品位

工艺品本身就带有浓郁的艺术性和装饰性，即使是高档次的装修，若缺少了工艺品的装饰也会显得很空洞，而即使是低档次的装修，若选择了恰当的工艺品，同样可以提高装修的档次和品位，从而显得与众不同。

▲电视墙及茶几上的工艺品，提升了客厅空间的品质感

二、工艺品的布置原则

① 对称平衡摆设制造韵律感

　　将两个样式相同或类似的工艺品并列、对称、平衡地摆放在一起，不但可以制造出和谐的韵律感，还可以使其成为空间视觉焦点的一部分。

◀背景墙两侧的工艺品对称布置，重复的形式形成了视觉焦点

② 同类风格的工艺品摆放在一起

　　家居工艺品摆放之前最好按照不同风格分类，再将同一类风格的饰品进行摆放。在同一件家具上，工艺品风格最好不要超过三种。如果是成套家具，则最好采用相同风格的工艺品，可以形成协调的居室环境。

◀柜面上的工艺品虽然形态各异，但风格和色彩达到了统一

③ 摆放时要注意层次分明

摆放家居工艺饰品要遵循前小后大、层次分明的法则。例如，把小件饰品放在前排，大件装饰品后置，可以更好地突出每个工艺品的特色。也可以尝试将工艺品斜放，这样的摆放形式比正放效果更佳。

▲电视墙及茶几上的工艺品，提升了客厅空间的品质感

④ 利用灯光效果

布置工艺品时还需考虑灯光的效果。不同的灯光和照射方向，会让工艺品显现出不同的美感。例如，暖色光更柔和，适合照射贝壳或树脂类工艺品，而冷色光则更适合照射水晶或玻璃工艺品。

⑤ 亮色单品可点睛

当室内整体的色彩都较为素雅时，可以考虑使用一些小尺寸的亮色工艺品来提亮整个空间。例如以黑、白、灰为主的家居中，使用一两件纯度较高的小摆件，可活跃气氛，带来愉悦的感受。

▲暖色的灯光非常适合表现树脂工艺品的质感

▲金色的工艺品，打破了蓝色调的单调感

三、不同空间工艺品的布置手法

➊ 客厅

在客厅中布置工艺品宜遵循少而精的原则，注意视觉效果，并与客厅总体格调相统一，突出客厅空间的主题意境。另外，客厅工艺品切忌随意填充、堆砌，避免杂乱无章，在摆放时要注意大小、高低、疏密、色彩的搭配。

➋ 餐厅

一般来讲，就餐环境的气氛要比睡眠、学习等环境轻松活泼。装饰时，最好营造出一种温馨、祥和的气氛。餐厅墙面是其装饰的要点，可以悬挂一些瓷盘、壁挂等工艺品，也可以根据餐厅具体情况灵活安排，用以点缀、美化环境，但要注意的是切忌喧宾夺主，杂乱无章。餐桌上则可以摆放几个精致的小摆件，其中烛台、餐盘等都是不错的装饰，不会占用太多空间，却能令空间更加生动活泼。

③ 卧室

卧室最好摆放柔软、体量小的工艺品作为装饰，可以摆放在斗柜的柜面上。不适合在墙面上悬挂鹿头、牛头等兽类装饰，容易给半夜醒来的居住者带来惊吓；另外，卧室中也不适合摆放刀剑等利器装饰物，如位置摆放不宜，会带来一定的安全隐患。

④ 书房

书房需要一些安静的、具有学术性的氛围，所以选择装饰品时款式上宜精心挑选，避免过于夸张或稚幼的类型，瓶器、文房四宝等都是不错的选择。书房中工艺品的最佳摆放位置是书柜或书架上，如果书桌比较大，也可以适当摆放。

四、用工艺品打造别致的家居角落

① 根据季节更换工艺品

在不同的季节中，除了更换布艺来烘托氛围外，也可以更换一些小件的工艺品。工艺品的选择主要侧重于色彩和材质方面，如春夏季节中，可以多使用一些玻璃、金属材质的绿色、蓝色、青色的工艺品来增添清新感；秋冬季节中，则可多使用一些木质、编织类、毛类材质的暖色系工艺品，使家居中的温暖感更强一些。

▲金属材质或冷色系的工艺品更适合春夏季节

② 用工艺品为节日增添氛围

在不同的节日，可以选取一些具有节日代表性造型或图案的工艺品，摆放在家中，来烘托节日氛围，如春节时选择具有吉祥寓意或中国结、鞭炮造型的工艺品；情节人可选择烛台、红酒、浪漫的水晶饰品；万圣节选择南瓜形状、女巫、鬼屋等类型的饰品；圣诞节选择麋鹿、圣诞老人、圣诞铃、圣诞树等打造一个别致的节日角落。

▲鹿代表祥瑞，很适合在春节摆放　　　　▲圣诞老人、雪人造型的工艺品可以让圣诞气氛更浓郁

第四章
软装的风格印象

软装是体现家居空间格调与氛围的重要元素，而在不同的风格中，软装的代表性因素是不同的，想要使最终装饰效果和谐、统一，就需要了解不同风格中软装色彩、图案及软装元素等方面的差别。

一、现代风格的软装元素

① 家具

现代风格的家具比较注重造型，除了横平竖直、简洁明快的常规板式或布艺家具，带有几何造型感的家具可以更好地体现风格特征。在材质方面，除了被广泛运用的金属、玻璃家具，塑料、皮质、大理石家具也较为常见。这些家具可以大大提升房间的现代感。

Furniture
家具

金属框架家具

不倒翁椅

大理石家具

布艺家具

金属造型椅

金属＋玻璃家具

造型家具

玻璃钢家具

木质板式家具

❷ 布艺

现代风格在布艺材质的选择上没有特殊要求，棉麻、锦缎、粗布等均可。窗帘的颜色可以比较跳跃，但一定不能选择花纹较多的图案。一般来说，如果客厅选择布艺沙发，在色彩上最好与窗帘有所呼应。现代风格的床品款式简洁，常以黑、白、灰和原色为主。

▲软装的色彩让白色为主的空间层次变得更丰富　　　　　　▲床品款式简洁，常以无色系配色为主

❸ 灯饰

现代风格的灯饰材质一般采用具有科技感的金属、玻璃、晶莹的珠片及亚克力等；在外观和造型上以另类的表现手法为主，不限于具象的造型，有时甚至会使用抽象的立体组合形式。在设计上脱离了传统的局限，以体现风格特征。

Lighting
灯饰

立体几何造型金属灯

创意金属片组合灯

金属＋珠片灯

金属＋玻璃造型灯

创意亚克力灯

金属＋布艺灯

④ 装饰品

现代风格的工艺品多采用夸张的立体几何结构或抽象造型。材料以金属和玻璃最具代表性，陶瓷、石材以及柔和的各种木料也较常用。色彩具有代表性的是无色系以及棕色或鲜艳的纯色。

现代风格装饰画内容多为一些抽象题材，配色也非常具有个性。具象题材中个性十足的类型，甚至以格子、几何图形、字母组合为主要内容的画作也适用，给人个性、前卫感的画均属于此类。

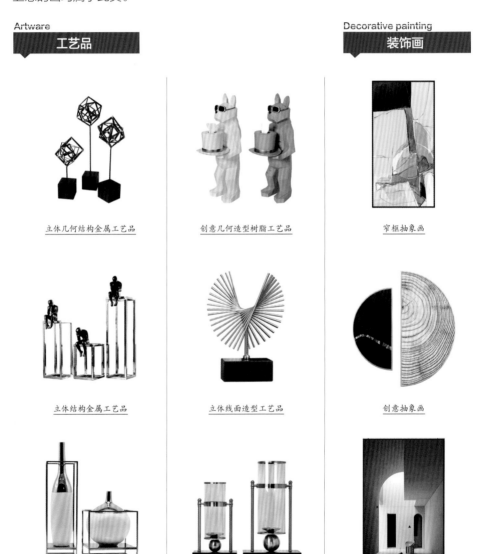

Artware
工艺品

Decorative painting
装饰画

立体几何结构金属工艺品　　　创意几何造型树脂工艺品　　　窄框抽象画

立体结构金属工艺品　　　立体线面造型工艺品　　　创意抽象画

金属＋陶瓷工艺品　　　金属＋玻璃工艺品　　　个性摄影画

二、软装的特点与搭配应用

① 软装的特点

（1）软装的色彩

现代风格的家居软装可以选择将色彩简化到最低程度，如采用无彩色展现风格的明快及冷调；如果觉得居家生活因过于冷色调而显得冷漠，则可以用红色、橙色、绿色等做跳色。除此之外，展现现代风格的个性，还可以使用强烈的对比色彩。

Colour
软装色彩

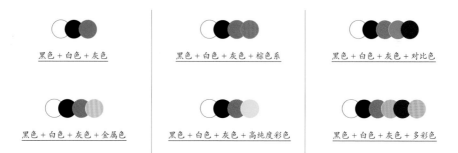

黑色＋白色＋灰色　　　　　　黑色＋白色＋灰色＋棕色系　　　　　黑色＋白色＋灰色＋对比色

黑色＋白色＋灰色＋金属色　　黑色＋白色＋灰色＋高纯度彩色　　　黑色＋白色＋灰色＋多彩色

（2）软装的材质及图案

现代风格的软装配置中，玻璃、金属运用广泛，其反射作用，可取得与周围环境中的各种色彩、景物交相辉映的效果；同时在灯光的配合下，还可形成晶莹明亮的高光部分，对空间环境的效果起到强化和烘托的作用，故在家具、灯具、工艺品中均有涉及。

软装图案方面，布艺织物常用纯色，条纹、几何图形略有出现；装饰画的图案一般以抽象图案为主，都市摄影画也比较常见。

▲灯饰、茶几等软装上，金属材质使用较多

▲纯色的窗帘及床品，在现代风格的居室中较为常见

❷ 软装的搭配运用

（1）造型茶几为空间增添现代感

在现代风格的客厅中，可以选择造型感极强的茶几作为装点的元素。此种手法不仅简单易操作，还能大大地提升房间的现代感。在材质方面，玻璃、金属、玻璃钢等材质最能体现风格特征。

▲一体式的玻璃钢造型茶几不仅是家具也是艺术品　　▲充满个性的造型加以多变的纹理，使茶几极具现代感

（2）板式家具展现现代风格潮流

板式家具简洁明快、新潮，布置灵活，价格容易选择，是家具市场的主流。而现代前卫风格追求造型简洁的特性使板式家具成为此风格的最佳搭配。

▲板式家具多线条硬朗，在现代风格室内使用板式家具不仅能凸显风格，且便于搭配

（3）金属、玻璃类工艺品增强空间的时尚气息

在现代风格的家居空间中，除了少部分极具个性的对比色运用外，大部分情况下居室整体的配色都较为素雅或沉稳，工艺品通常承担着画龙点睛的作用。可以选择线条较简单、设计独特的工艺品，例如造型独特或色彩独特，或者简单别致的金属或玻璃工艺品。

▲金属和玻璃材质的工艺品，可以凸显出现代风格居室的时尚气息

（4）无框画或窄框画符合现代风格的审美观念

无框画及窄框画均摆脱了传统画宽边框的束缚，具有原创画味道，因此更符合现代人的审美观念，同时与现代前卫风格的居室追求简洁时尚的观念不谋而合。

▲窄框可以更好地凸显出画面的个性感，很适合表现现代风的画作内容

第二节
简约风格

一、简约风格的软装元素

❶ 家具

简约风格的家具通常造型简洁、线条较为简单，家具多以直线为主，少见曲线。同时，简约风格的家具强调功能性，多功能家具十分常见，如沙发床、具有收纳功能的茶几等，这类家具为生活提供了便利，也大大提升了空间使用率。

Furniture
家具

直线条皮革家具

简练线条组合材质家具

直线条组合材质家具

直线条布艺家具

直线条组合材质家具

低矮家具

多功能家具

直线条板式家具

直线条组装板式家具

② 布艺

简约风格的布艺不宜花纹过于繁复，以及颜色过深。通常比较适合一些浅色，并且带有简单、大方图形和线条的装饰类型。

▲纯色为主的布艺，可凸显简洁特征

▲几何线条的地毯，简洁而又具有动感

③ 灯饰

造型简洁的吸顶灯是简约风格中的常见灯具，造型方面，方形、圆形，以及规则的几何形皆可。餐厅也可以用垂吊型灯具，但一定要注意造型不能过于复杂、尖锐。而像华丽、繁复的水晶吊灯，则一定不能出现在简约风格的居室中。另外，简约风格也常在吊顶、背景墙上做灯槽设计，利用光影变化改善空间过于单调的问题。

Lighting
灯饰

简洁曲线半球金属灯

简洁立体线条金属灯

简洁造型玻璃灯

简洁立体几何形金属灯

简洁几何环形金属灯

立体简洁造型陶瓷灯

❹ 装饰品

简约风格虽然要遵循极简的装饰理念，但并不意味不需要装饰品。但在选择上，仍需注意不要打破空间整体素雅的氛围。

装饰画可以选择抽象或几何图案，色彩应与空间的主体色彩相同或接近，同时色彩不宜过于复杂，最好不要超过三种。如果害怕出错，以黑白灰为主色的装饰画是最佳选择。

工艺品摆件方面，数量不宜太多，起到点睛装饰即可。材质上玻璃、陶瓷、金属、树脂皆可，可在造型选择上稍加用心，精美的装饰品可以提升空间的格调与品位。

Artware
工艺品

Decorative painting
装饰画

抽象金属工艺品

简洁造型大理石工艺品

抽象画

简洁造型陶瓷工艺品

简洁造型玻璃工艺品

几何图案装饰画

简洁造型陶树脂艺品

简洁造型水晶工艺品

黑白灰装饰画

二、软装的特点与搭配应用

1 软装的特点

（1）软装的色彩

　　无彩色是简约风格的常用色彩，白色常作为背景色出现，家具常用的色彩有黑色、灰色、白色、米色和木色。简约风格的配色讲求干净、简洁，因此常用色彩的明度变化来丰富配色层次。如果觉得无彩色过于单调，可以使用高纯度的点缀色来提亮空间。

Colour
软装色彩

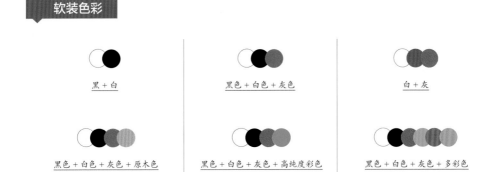

黑 + 白　　　　　　黑色 + 白色 + 灰色　　　　　　白 + 灰

黑色 + 白色 + 灰色 + 原木色　　　黑色 + 白色 + 灰色 + 高纯度彩色　　　黑色 + 白色 + 灰色 + 多彩色

（2）软装的材质及图案

　　简约风格的材质选用和现代风格类似，不同的是像金属、玻璃这类过于现代的材质，在家居中应减少使用频率，仅做点缀装饰即可。图案方面，纯色和横平竖直的线条是简约风格的最佳搭配。竖条纹、波点这类简洁的图案也可运用，但一般来说色彩不宜绚烂，常为黑白色或同类色搭配。

▲金属、玻璃材质多用在家具的配件部分　　　　　▲纯色的软装，能够凸显简约风格简洁的特点

❷ 软装的搭配运用

（1）浅色木纹制品令现代简约风格更加清新淡雅

浅色木纹制品干净、自然，尤其是原木纹材质，看上去清新典雅，给人以返璞归真之感，和简约风格摆脱烦琐、复杂，追求简单和自然的理念非常契合。

▲浅色木纹家具为简约居室增添了一些温馨感和清新感

（2）利落线条家具令空间更简洁

现代简约风格在家具的选择上延续了空间的简洁感，以利落线条的家具为主，可以令空间看起来干净、利落，同时也十分实用。

▲线条利落的家具，让简约风的家居更具简洁感

（3）多功能家具为生活提供便利

多功能家具兼具传统家具的功能和新功能。在简约风格的居室中，可以选择能用作床的沙发、具有收纳功能的茶几、兼具装饰性和收纳的柜子等，为生活提供便利。

▲餐厅的收纳柜兼具装饰功能，美观而又便利

（4）黑白装饰画增添生活乐趣

黑白装饰画即画作图案只运用黑白灰色调，画作内容可具体、可抽象。黑白装饰画运用在简约风格的居室中，既符合其风格特征，又不会喧宾夺主。

▲黑白装饰画的色彩搭配具有显著的简约风特征，装饰简约风家居十分和谐

（5）地毯选素色或具有代表性图案

在简约居室中，使用一块地毯，能够为简练的空间增加舒适感。地毯属于面积较大的织物，宜体现风格特点，可以选择完全素色的款式，喜欢活泼一点也可以选择带有线条造型、色块拼接或休闲图案等类型的款式。

▲素色的地毯是最具简约特征的一类地毯

▲无色系方块格纹地毯，增添了低调的活泼感

131

第三节
工业风格

一、工业风格的软装元素

① 家具

在工业风具有质朴、粗犷的特征,家具多具有厚重感,常以能凸显稳重感的各种金属、皮革或做旧的木质为主材。造型方面比较简洁,多以几何直角线条或具有大气感的圆弧为主,没有过多的装饰,较有工业特色的是金属水管为结构制成的家具。

Furniture
家具

做旧元素 + 皮革拉扣家具

彩色铁艺家具

做旧实木铁艺家具

做旧皮革拼色家具

做旧实木家具

做旧铁艺 + 皮革家具

做旧皮 + 铝皮铆钉家具

做旧混合材质家具

铁艺水管家具

❷ 布艺

在工业风格家居中，布艺的色彩需同样遵循冷调感。材质方面，仿动物皮毛的地毯十分常见，而斑马纹、豹纹及米字旗则是常见的图案类型。另外，具有工业风特征的场景图案和报纸元素也可以运用在家居的布艺中。

▲米字旗布艺具有工业风特征　　　　　　　　▲皮毛地毯粗犷而温暖

❸ 灯饰

现由于工业风多数空间色调偏暗，为了起到缓和作用，可以局部采用点光源的照明形式，如复古的铁艺麻绳灯、筒灯等。另外，金属骨架及双关节灯具，是最容易创造工业风格的物件，而裸露灯泡也是必备品。

Lighting
灯饰

铁艺麻绳灯

个性多头吊灯

钨丝灯泡灯

铁艺＋做旧实木灯

复古铁艺锅盖灯

铁艺白灯泡灯

❹ 装饰品

工业风不刻意隐藏各种水电管线，而是透过位置的安排以及颜色的配合，将它化为室内的视觉元素之一。这种颠覆传统的装潢方式往往也是最吸引人之处。而各种水管造型的装饰，如墙面搁板书架、水管造型摆件等，同样最能体现风格特征。

另外，曾经身边的陈旧物品，如旧皮箱、旧自行车、旧风扇、复古煤油灯等，在工业风格的空间陈列中拥有了新生命。油画、版画、做旧汽车模型、齿轮模型等细节装饰，则是工业风的装饰表达重点。

Artware

工艺品

Decorative painting

装饰画

工业齿轮工艺品

旧风扇工艺品

复古铁皮画

自行车工艺品

复古煤油灯

复古木版画

铁艺＋做旧木质挂钟

复古皮箱工艺品

复古牛皮纸画

二、软装的特点与搭配应用

❶ 软装的特点

（1）软装的色彩

  工业风格的背景色常为黑白灰色系，以及红色砖墙的色彩。在软装配色中，一般也沿用了这种冷静的色彩，黑色、灰色、棕色、木色、朱红色十分常见，有时也会利用夸张的图案来表现风格特征。一般不会选择蓝色、绿色、紫色等色彩感过于强烈的纯色。

Colour

软装色彩

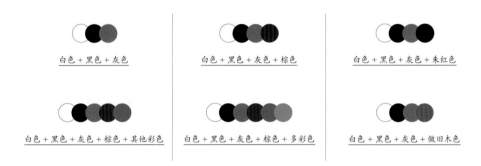

白色＋黑色＋灰色   白色＋黑色＋灰色＋棕色   白色＋黑色＋灰色＋朱红色

白色＋黑色＋灰色＋棕色＋其他彩色   白色＋黑色＋灰色＋棕色＋多彩色   白色＋黑色＋灰色＋做旧木色

（2）软装的材质及图案

  工业风格在设计中会出现大量的工业材料，软装中做旧质感的木材、皮质元素、金属构件等是最能体现风格魅力的元素。在图案的运用上，和现代风格相似，几何图形、不规则图案的出现频率较高；另外，怪诞、夸张的图形也常常出现在工业风格的家居中。

◀做旧的木材、黑色具有粗犷感的金属等材质，均具有浓郁的工业风特征

135

❷ 软装的搭配运用

（1）水管风格的家具可强化风格特征

工业风格的顶面会露出金属管线和水管，为了搭配这一元素，出现了很多以金属水管为结构制成的家具，如同为了工业风格独家打造。如果家中已经完成所有装潢，无法把墙面打掉露出管线，水管风格的家具会是不错的替代方案。

▲水管风格的书架，具有显著的工业风特征

（2）金属与旧木结合的家具能够增添稳重感

工业风的家具中常有做旧原木的踪迹，例如许多金属制的桌椅会用木板来作为桌面或者是椅面，如此一来就能够完整地展现木纹的深浅与纹路变化。尤其是老旧、有年纪的木头，做起家具来更有质感，且能够为居室增添稳重感。

▲做旧的原木与黑色水管型金属组合的家具，具有很强的沧桑感，为工业风居室增添了稳重感

（3）磨旧感的皮革家具复古又舒适

在工业风格的家居空间中，皮革的搭配关键在于皮质的颜色与材质，务必选择带有磨旧感与经典色的皮革。活用这项经典工艺作为家具的一部分，搭配上经典的美式拉扣工艺，能让空间更有复古的韵味且不乏舒适感。

▲经过做旧处理的皮革家具，具有浓郁的复古韵味

（4）采用或素雅或斑驳的装饰画增添艺术感

黑白灰色系的装饰画十分适合工业风，黑色神秘冷酷，白色优雅轻盈，两者混搭成的灰色又可以创造出更多层次的变化。除此之外，带有斑驳感的彩色装饰画，也能够为工业风空间增添艺术感和怀旧感。

▲无色系装饰画与带有斑驳感彩色装饰画的组合，为工业风居室增添了艺术感和怀旧感

第四节
北欧风格

一、北欧风格的软装元素

❶ 家具

　　北欧家具一般较为低矮，并以板式家具为主，这种使用不同规格的人造板材，再以五金件连接的家具，可以变幻出千变万化的款式和造型。而这种家具也只靠比例、色彩和质感来传达美感。另外，北欧家具讲究它的曲线如何在与人体接触时达到完美的结合。

Furniture
家具

单色布艺低矮家具

极简创意造型家具

子母椅

拼色布艺低矮家具

贝克椅

直线条板式柜

皮质低矮家具

鹈鹕椅

极简线条家具

❷ 布艺

在布艺的选择上，北欧风格偏爱柔软、质朴的纱麻制品，如窗帘、桌布等都力求体现出素洁、天然的面貌。北欧风格的地毯和抱枕，则偏重于用图案和色彩来表现风格特征，常见的有格子图案、波浪图案、几何图案等。另外，麋鹿也是北欧风格布艺中的常见图案。

▲素雅的麻类布艺，能表现出北欧风格对天然感的追求　　　　　▲几何图案的地毯，彰显北欧风格的极简特征

❸ 灯饰

北欧风格的灯饰同样注重简洁感，一般不会过于花哨，力求用本身的色彩和流线来吸引人的目光。常见的灯具有魔豆灯、鱼线灯等。另外，北欧神话中具有浪漫、神秘色彩的造型，也会出现在灯具设计中。

Lighting
灯饰

原木＋金属灯

金属＋玻璃泡泡灯

极简造型浅色原木灯

极简金属灯

极简几何造型金属灯

创意羽毛灯

④ 装饰品

北欧风格的工艺品具有极简主义特点。造型常见为简洁的几何造型或各种北欧地区的动物，材料以木、陶瓷和树脂最具代表性，偶尔也会使用金属、玻璃、大理石等材料。色彩多为无色系的黑、白和浅木色。

北欧风格的装饰画画面多为白底，色彩以黑色、白色、灰色及各种低彩度的彩色较为常用，画框则多为黑色或原木色，窄边。题材多为植物、北欧动物或几何形状的色块、英文字母等。

Artware
工艺品

Decorative painting
装饰画

火烈鸟元素树脂工艺品

原木工艺品

字母装饰画

极简造型陶瓷工艺品

极简造型金属工艺品

植物主题装饰画

北欧麋鹿元素树脂工艺品

极简造型大理石工艺品

黑白摄影画

二、软装的特点与搭配应用

① 软装的特点

（1）软装的色彩

北欧风格的家居，以浅淡的色彩、洁净的清爽感，令居家空间得以彻底降温。背景色一般为无彩色，且多使用中性色、蓝色、黄色等色彩进行柔和过渡。这种配色方式也同样适用于软装设计，力求表现出干净、利落，又不失情调的风格特征。

Colour

软装色彩

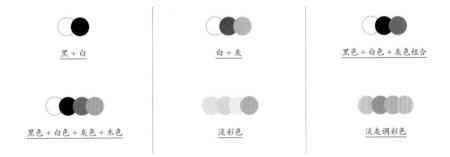

黑＋白　　　　　　　白＋灰　　　　　　　黑色＋白色＋灰色组合

黑色＋白色＋灰色＋木色　　　淡彩色　　　　　　　淡灰调彩色

（2）软装的材质及图案

北欧风格常用的软装材料主要有木材、石材、玻璃和铁艺等，都无一例外地保留了这些材质的原始质感。

图案的选择或具有简洁感或具有北欧当地的特色，常见的有几何图案、拼色图案、动物图案、植物图案等。

▲无论何种软装材质，都具有较强的原始感

▲麋鹿等北欧动物图案具有显著的北欧特征

❷ 软装的搭配运用

（1）天然材料的家具可展现朴素、原始之美

天然材料是北欧风格室内装修的灵魂，如木材、板材等，其本身所具有的柔和色彩、细密质感以及天然纹理非常自然地融入到家居设计之中。使用此类家具，可展现出一种朴素、清新的原始之美，代表着独特的北欧风格。

◀原木色的家具与布艺家具组合布置，典雅又不乏层次感，展现出北欧风的清新美

（2）使用一些木质装饰，可强化空间整体的融合感

木质是北欧风格的灵魂，在硬装及家具方面使用得非常多，而在软装上，多用在灯具、相框、画框、装饰盘或工艺品上。在选择软装时，使用 1 ～ 2 件木料材质的款式，可以增强不同类型软装或软装与硬装之间的融合感。

◀木质装饰与木质家具在材质上产生了呼应，使整体空间的融合感更强

（3）使用一些金属装饰，可以调节层次感

北欧风格的家居中，家具及地面多使用木料，建议在选择小的工艺品及小型灯具时，可以少量搭配一些金属材质的款式，与木质家具能够形成一种对比，为简洁的北欧家居带来微小而灵动的层次感。

▲室内硬装以木料为主，加入金属质感的软装后，整体层次变得更丰富

（4）棉麻类布艺增添舒适感

棉麻材料素雅而纯净，非常符合北欧风格所表现出来的意境，在北欧风格的家居中，可以多运用一些系列的软装，包括床品、窗帘等，而且棉麻的质感与风格的"灵魂"——木料搭配起来也非常和谐。

（5）照片墙可为空间带来律动感

在北欧风格中，照片墙的出现频率较高，其轻松、灵动的身姿可以为北欧家居带来律动感。有别于其他风格的是，北欧风格中的照片墙、相框往往采用木质，这样才能和本身的风格达到协调统一。

▲棉麻材质的布艺具有天然感，可表达出北欧风格的意境

▲照片墙使原本平淡的墙面具有了韵律美

第五节
新中式风格

一、新中式风格的软装元素

❶ 家具

    新中式风格中庄重繁复的明清家具使用率减少，取而代之的是线条简单的中式家具，也常用现代家具与明清家具的组合，弱化传统中式居室带来的沉闷。另外，像坐凳、简约化博古架、屏风这类传统的中式家具，也常常出现。

Furniture

家具

实木框架家具

实木雕花家具

彩绘家具

中式图案布艺家具

彩漆家具

做旧家具

藤木家具

金属＋实木家具

简化中式家具

② 布艺

新中式家居中的窗帘多为对称设计，且帘头简单。在材质方面，可以选择一些仿丝布艺，既具有质感，又能增添空间的现代、时尚氛围。另外，抱枕的选择可以根据整体空间的氛围来确定，如果空间中的中式元素较多，抱枕最好选择纯色；反之，抱枕则可以选择带有中式花纹或花鸟图的纹样。

▶ 带有中式花纹的靠枕，打破了黑白灰色彩组合带来的平淡感，丰富了家居空间装饰的整体层次

③ 灯饰

新中式家居中的灯饰与精雕细琢的中式古典灯饰相比，更强调古典和传统文化神韵的再现。图案多为清明上河图、如意图、龙凤、京剧脸谱等中式元素，其装饰多以镂空或雕刻的木材为主，宁静而古朴。

Lighting
灯饰

金属框架传统符号灯

中式元素立体造型灯

中式神韵纱罩灯

金属＋玻璃仿宫灯式灯

立体中式造型水晶灯

彩绘图案灯

❹ 装饰品

　　新中式风格在装饰品选择上，与古典中式的差异性不大，只是更加广泛。如以鸟笼、根雕等为主题的饰品，以及与现代绘画艺术相结合的新派中式绘画等，都会给新中式家居营造出休闲、雅致的古典韵味。

　　另外，中式花艺源远流长，可以作为家居中的点睛装饰；但由于中式花艺在家居中的实现具有局限性，因此可以用松竹、梅花、菊花、牡丹等带有中式特有标签的植物，来创造富有中式文化意韵的家居环境。

Artware
工艺品

Decorative painting
装饰画

山水元素陶瓷工艺品　　彩绘陶瓷工艺品　　水墨题材画

根雕工艺品　　玉石工艺品　　创意抽象画

中式元素金属工艺品　　鸟笼造型工艺品　　中式元素立体画

二、软装的特点与搭配应用

① 软装的特点

（1）软装的色彩

新中式讲究的是色彩自然和谐的搭配，软装配色一般分为两个方向，一是色彩淡雅的富有中国画意境的高雅色系，以无彩色和自然色为主，体现居住者含蓄、沉稳的性格；二是色彩鲜明的皇家色，如红、黄、蓝、绿，这类色彩可以映衬出居住者的个性。

Colour

软装色彩

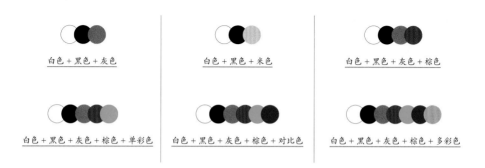

白色＋黑色＋灰色　　　白色＋黑色＋米色　　　白色＋黑色＋灰色＋棕色

白色＋黑色＋灰色＋棕色＋单彩色　　白色＋黑色＋灰色＋棕色＋对比色　　白色＋黑色＋灰色＋棕色＋多彩色

（2）软装的材质及图案

新中式风格的软装在选材上更加广泛，即使是玻璃、金属等，一样可以展现新中式风格。如在中式古典风格中很少应用的石材，在新中式家居中则没什么限制，各种花色均可使用，浅色温馨大气，深色则古韵浓郁。

图案方面，带有中国古典文人情怀的"梅、兰、竹、菊"、花鸟图案、古典造型元素的祥云回纹以及简洁化的中式图案，常出现在软装设计中。

▲具有现代感的金属材质，在新中式家居中应用的频率非常高

▲花鸟图案的装饰画组，使空间中的古雅气质更浓郁

❷ 软装的搭配运用

（1）实木与布艺结合的家具展现新中式的清爽

新中式风格讲究实木本身的纹理与现代先进工艺材料相结合，不再强调大面积的设计与使用，如客厅沙发可以选用布艺与实木相结合，而茶几采用木质，这样就能避免古典中式的沉闷感。

▲布艺与木质组合的沙发搭配木质茶几，既复古又不会显得过于沉闷

（2）实木装饰可增添古典气质

在传统中式风格中，实木是非常具有代表性的材料，延伸到新中式风格中，实木仍然会使用，多用来制作一些实木雕刻装饰，例如挂画、茶盘、小工艺品等。可适量使用此类软装，增添古典气质。

▲棕色实木材质的画框、茶盘，强化了室内的古典气息

（3）用亮色软装可平衡深色家具

新中式讲究的是色彩自然和谐的搭配，经典的配色是以黑、白、灰色和棕色为基调，很多大户型中家具灰色和棕色居多，若搭配一些带有皇家色的软装，可以减轻家具的沉闷感，使用对比色会更活泼。

▲黄色和蓝色结合的靠枕，打破了无色系沙发的平淡感

（4）棉麻或丝绸布艺可点睛

在新中式风格的家居中，棉麻或丝绸主要运用在布艺类的软装上，其中丝绸是独居中式特色的布艺材料，用它做装饰，能够起到点睛的作用，特别是放在实木家具上，可以强化风格特征。

▲棉麻布艺与木质家具组合，可突出新中式居室质朴的气质　　▲棉麻和丝绸材质的组合，使布艺搭配的层次更丰富

（5）陶瓷饰品可体现古韵与现代的完美结合

陶瓷从古代一直延续至今，是非常具有中国民族特色的材料，最著名的就属青花瓷。新中式风格中的陶瓷制品更加多样化，在古典韵味的基础上融入了现代元素，不仅仅是花器、工艺品等，甚至台灯底座也可以使用，有的还印有花鸟图案。

▲多样化的陶瓷饰品，展现出了新中式风格古典与现代融合的内涵

第六节
简欧风格

一、简欧风格的软装元素

❶ 家具

简欧风格在家具的选择上保留了传统材质和色彩的大致风格，同时又摈弃了过于复杂的肌理和装饰，简化了线条。家居中适合选用米黄色、白色的柔美花纹图案家具，显得高贵、优雅。另外，简欧家具强调立体感，家具表面有一些浮雕设计。

Furniture
家具

局部镶嵌雕花简洁家具

欧式简洁弧线造型家具

欧式简洁曲线造型家具

木框架少雕花家具

少雕花镀金／银家具

实木简洁雕花造型家具

曲线造型拉扣家具

少雕花描金／银家具

直线条为主家具

❷ 布艺

简欧风格中的布艺多为织锦、丝缎、薄纱、天鹅绒、天然棉、仿皮毛等，同时可镶嵌金银丝、水钻、珠宝等装饰；而像亚麻、帆布这种硬质布艺，不太适用于简欧风格的家居。简欧家居中的窗帘常见流苏装饰，以及欧式华丽的帘头。

▲简欧风格的家居空间中，常使用具有柔软感的布艺

❸ 灯饰

简欧风格家居中的灯饰外形相对欧式古典风格简洁许多，如欧式古典风格中常见的造型繁复的水晶灯在简欧风格中出现频率减少，取而代之的是简化的水晶灯和铁艺枝灯。另外，台灯、落地灯等常带有羊皮或蕾丝花边的灯罩，以及铁艺或天然石材打磨的灯座。

Lighting
灯饰

树脂雕花描金 / 银灯

雕花水晶灯

树脂蕾丝灯

简洁造型水晶灯

曲线造型无雕花水晶灯

石材 + 布艺罩灯

❹ 装饰品

　　简欧风格注重装饰效果，用室内陈设品来增强历史文脉特色，往往会照搬古典设施、家具及陈设品来烘托室内环境气氛。同时，简欧风格的装饰品讲求艺术化、精致感，如各种造型的树脂工艺品、金色的金属摆件、玻璃饰品等都是很好的点缀物品。

　　装饰画方面最具代表性的就是油画，既追求深沉又显露尊贵、典雅，但简欧风格也可以使用知名油画画面的喷绘画。除此之外，还可使用欧式建筑照片、马赛克玻璃画或者抽象画。

Artware
工艺品

Decorative painting
装饰画

树脂工艺品　　　　　　金属＋大理石工艺品　　　　　　油画画面喷绘画

金属工艺品　　　　　　金属＋水晶工艺品　　　　　　抽象画

金属＋陶瓷工艺品　　　　欧式雕塑工艺品　　　　　欧式建筑摄影画

二、软装的特点与搭配应用

1 软装的特点

（1）软装的色彩

相对比拥有浓厚欧洲风味的欧式装修风格，简欧更为清新，也更符合中国人内敛的审美观念。在色彩上多选用白色或象牙白做底色，再糅合一些淡雅色调，力求呈现出一种开放、宽容的非凡气度。软装中金色、黄色、暗红色、蓝色也是常见的点缀色。

Colour

软装色彩

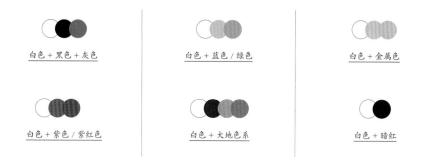

白色 + 黑色 + 灰色　　　　白色 + 蓝色 / 绿色　　　　白色 + 金属色

白色 + 紫色 / 紫红色　　　　白色 + 大地色系　　　　白色 + 暗红

（2）软装的材质及图案

铁艺是简欧风格中不可缺少的装饰材质，常出现在各类家具、灯具及摆件中；而像水晶珠串、天鹅绒、金属这类可以体现出一定华贵感的材质也较为常用。在工艺上，简欧风格中常见雕刻、镀金、嵌木、镶嵌陶瓷等。

◀简欧风格的居室中，铁艺、丝绒等材质在软装上是非常常见的，如茶几、靠枕等

153

❷ 软装的搭配运用

（1）欧式花纹布艺织物展现唯美气质

简欧风格家居中一般会延续部分传统欧式的特征，如使用带有欧式花纹的布艺织物，但会将部分图案简化，既具有欧式的唯美气质，又具有现代风格的简洁感。

▲简化的蜂窝六边形花纹抱枕，既有传统气质又不乏简洁感　　▲简化欧式图案的床品，与曲线家具搭配，彰显唯美感

（2）金属色软装彰显贵族气质

简欧风格典型的搭配便是金属色与黑色、白色的组合，鲜明的黑色、白色配以金、银、铁的金属器皿和描金家具，将黑、白与金不同程度的对比与组合发挥到极致，彰显出独特的贵族气质。

▲简欧风的居室内灯饰、茶几等软装上使用了较多的金色，华丽而又具有贵族气质

（3）简化的欧式家具彰显复古感

简欧风格的家具是一种将古典风范与个人的独特风格和现代精神结合起来，而改良的一种线条简化的家具。这种摒弃复杂的肌理和装饰的方式，令家具呈现出多姿多彩的面貌并为居室增添复古感。

▲简化了线条的欧式家具，更符合现代人的生活方式，但又能够透露出古典的神韵

（4）水晶灯可增添浪漫感和高贵感

在简欧风格的家居空间里，灯饰的选择范围是比较广泛的，但若选择具有西方风情造型的灯饰，如水晶吊灯，则可为空间增加浪漫、高贵的感觉，并彰显出简欧风格传承的西方文化的底蕴。

▲水晶灯无论是在白天还是夜晚，都能够为简欧风居室增添浪漫、高贵的气质

第七节
法式风格

一、法式风格的软装元素

① 家具

　　法式风格的家具很多表面略带雕花，配合扶手和椅腿的弧形曲度，显得更加优雅。法式宫廷风格的家具追求极致的装饰，在雕花、贴金箔、手绘上力求精益求精；法式乡村风格的家具摒弃奢华、繁复，但保留了纤细美好的曲线，天然又不失装饰美感。

Furniture
家具

雕花描金 / 银弯脚家具

洗白处理雕花沙发

铁艺家具

洗白处理雕花弯脚沙发

金 / 银漆雕花家具

高背椅

洗白处理雕花藤木弯脚沙发

彩漆雕花家具

手绘家具

❷ 布艺

　　法式风格适用于天鹅绒、锦缎等带有华丽质感的材质或棉麻等天然材质。法式宫廷风格的窗帘帘头相较于简欧风格更加复杂、富丽，而法式田园风格的布艺在款式上相对简洁，图案多见碎花。地毯则更适合选择色彩相对淡雅的款式。

▲天鹅绒、锦缎材质的布艺，为法式居室增添了低调的华丽感　　▲宫廷风格的窗帘帘头设计更复杂

❸ 灯饰

　　法式宫廷风格的灯饰皆以复杂的造型著称，像吊灯、壁灯以及台灯等，均可以洛可可风格的款式为主。而在法式乡村风格中，则可选择蕾丝灯罩的台灯、彩绘玻璃灯罩的吊灯等。

Lighting
灯饰

洗白处理实木灯

全铜雕花灯

铜 + 石材灯

铜杆水晶灯

铜雕花布艺罩灯

陶瓷 + 布艺罩灯

❹ 装饰品

　　法式风格工艺品具有明显的法式民族特征，可以分为华丽和朴素两个派别。华丽派多采用陶瓷描金或做旧铜，朴素派多使用素色陶瓷和铁艺，根据家具风格选择即可。色彩多以素雅的蓝色、白色为主。

　　法式风格装饰画有两种类型：一是宫廷题材，色彩浓厚，画风与欧式风格类似，但代表人物、建筑和画框不同；二是田园题材，较清新，色彩多为绿色，画面以花朵及动物为主。

Artware
工艺品

Decorative painting
装饰画

陶瓷描金工艺品

复古陶瓷工艺品

复古油画

法式雕像树脂工艺品

镀金工艺品

法式主题装饰画

雕花装饰镜

动物造型黄铜工艺品

花草主题装饰画

二、软装的特点与搭配应用

1 软装的特点

（1）软装的色彩

　　法式风格的整体空间最好选择比较低调的色彩，如象牙白、亚金色等简单不抢眼的色彩，软装饰上再用金、紫、蓝、红等点缀。这样的配色一方面渲染出柔和、高雅的气质，另一方面可以恰如其分地突出空间的精致感与装饰性。

Colour

软装色彩

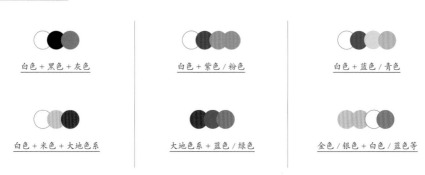

白色＋黑色＋灰色　　　　　白色＋紫色/粉色　　　　　白色＋蓝色/青色

白色＋米色＋大地色系　　　大地色系＋蓝色/绿色　　　金色/银色＋白色/蓝色等

（2）软装的材质及图案

　　法式风格主要给人的感觉是华贵、精致，在材质的运用上偏重于硬木和织锦。装饰题材多以自然植物为主，适用变化丰富的卷草纹样、蚌壳曲线等。一般尽量避免使用水平直线，力求体现丰富的变化性。在图案方面，法国公鸡、薰衣草、向日葵都是标志性图案，除此之外，各种植物图案使用得也较多。

▲软装材质上的曲线图案或纹理使用较多

▲植物图案在法式风格中较为常见

❷ 软装的搭配运用

（1）洗白雕花的木质家具可彰显法式特征

法式软装家具常用洗白处理与华丽配色，洗白手法传达法式乡村特有的内敛特质与风情，搭配抢眼的古典雕花细节镶饰，呈现皇室贵族般的品位。

▲洗白处理的雕花家具，是独具法式风情的一种软装，可彰显法式特征

（2）曲线家具可让空间不再单调

一般法式风格的软装家具不会横平竖直，造型结构都喜欢带一些曲线，尽管房间还是方形的，里面的软装家具和饰品不一定是直线。比如，一些 S 形、C 形、繁复的雕花形在家居中经常容易看到。

（3）丝绒或锦缎布艺彰显品位

法式风格的布艺有两大类，一类是自然类的本色或大地色棉麻；另一类是黄色、蓝色、紫色的丝绒或锦缎，此种更具法式特色，在选择布艺类软装时，可加入一些丝绒或锦缎，能够增添低调的华丽感。

▲法式家具多曲线造型，可柔化建筑冷硬的线条

▲丝绒与锦缎搭配的布艺，舒适而具有低调的华丽感

（4）金色彰显法式宫廷风情的华贵

　　法式宫廷风格的软装饰品多用金色的材料，如金色金属或木质涂刷金漆等，它不仅会出现在家具上，在灯具、花器、摆件等其他类别的软装上也非常常见。搭配或布艺、或皮革、或水晶灯材质，可为法式宫廷风的居室增添华贵感。

◀无论是沙发、茶几还是灯具，均有金色的痕迹，充分彰显出宫廷风的华贵感

（5）法式花器可增添生动的美感

　　法式花器的色彩往往高贵典雅，图案柔美浪漫，器形古朴大气，质感厚重，色彩热烈。在法式田园风格的家居中既可以单独随意摆放，又或者自己动手随意搭配几朵鲜花，无不令室内气氛呈现出优雅、生动的美感。

◀青花瓷花器清新、复古，而一侧的描金花器则更奢华，不同效果的法式花器，极大地丰富了空间的装饰层次，增添了生动的美感

第八节
美式乡村风格

一、美式乡村风格的软装元素

❶ 家具

    美式乡村风格的家具主要以殖民时期为代表，体积庞大，质地厚重，坐垫也加大，气派且实用。主要使用可就地取材的松木、枫木，不用雕饰，仍保有木材原始的纹理和质感，还刻意添上仿古的瘢痕和虫蛀痕迹，创造出一种古朴的质感。

Furniture

家具

宽大做旧皮拉扣家具

做旧木＋做旧皮料家具

做旧实木家具

做旧木框架布艺家具

老虎椅

做旧实木彩绘家具

做旧木框架皮料＋布艺家具

做旧实木＋做旧铁艺家具

铁艺家具

❷ 布艺

美式乡村风格织物通常简洁爽朗，选材比较广泛，印花布、手工纺织的尼料、麻织物等都比较常见；色彩多以板岩色、古董白、略带一些灰色调的蓝色、绿色等居多；随意涂鸦的花卉图案为主流特色，也会使用一些带有民族特点的图案以及一些纯色的款式。

▲美式乡村风格的布艺，棉麻材质是非常常见的，此类布艺的色彩具有淳朴或厚重的特征

❸ 灯饰

美式乡村风格灯饰的主要材质一般为树脂、铁艺、黄铜等，框架色彩多为黄铜色和黑色。灯饰的色调以暖色调为主，能够散发出温馨、柔和的光线，衬托美式家居的自然、拙朴。在造型方面，树枝、鸟兽形态可提升风格特征。

Lighting
灯饰

做旧金属灯

金属陶瓷布艺罩灯

树脂灯

做旧金属水晶灯

亮面金属灯

全铜彩绘陶瓷布罩灯

❹ 装饰品

　　美式乡村风格的装饰品重视生活的自然舒适性。工艺品多具有质朴的特征，材质上可以选择木质、藤、铁艺、做旧铜等材料，颜色多古朴，例如做旧处理的黑色、古铜色铁艺、树脂鹿头等。另外，白头鹰是美国的国鸟，在美式风格中，这一象征爱国主义的元素也被广泛运用于装饰中，如鹰形工艺品。

　　装饰画具有明显的美式民族特征，画面可以是乡村风景、美式人物、建筑等主题的色彩浓郁的油画，也可以是田园元素花草、动物或美式经典人物、建筑的印刷品及照片。

Artware
工艺品

Decorative painting
装饰画

鹰形工艺品

复古留声机工艺品

花鸟主题装饰画

复古铁皮工艺品

鹿角造型工艺品

景物主题油画

动物主题树脂工艺品

自然主题彩绘陶瓷工艺品

美式建筑主题装饰画

二、软装的特点与搭配应用

❶ 软装的特点

（1）软装的色彩

美式乡村风格的配色主要来源于自然，接近泥土的颜色，如大地色系，以及能够表现出生机的色彩，如绿色系，都是十分常见的色彩。一般会用大面积的大地色或绿色系作为背景色，家具的色彩也较为厚重，仅在装饰品上出现红色、蓝色等其他色彩。

Colour

软装色彩

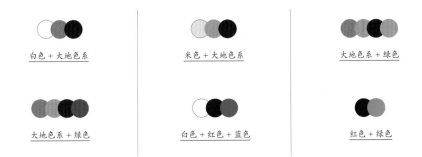

白色＋大地色系　　米色＋大地色系　　大地色系＋绿色

大地色系＋绿色　　白色＋红色＋蓝色　　红色＋绿色

（2）软装的材质及图案

美式乡村风格追求自然，木材、棉麻等自然类材质是最常见的软装材质。图案方面经常会采用花、鸟、虫、鱼这类的自然图案，以体现出浓郁的自然风情。受到欧洲艺术的影响，也会较多地使用带有典型欧式特征的图案，例如佩兹利纹、良苕纹等。

▲美式乡村风格属于自然气息浓郁的一种设计风格，花、鸟类图案的软装，可强化其自然气质

② 软装的搭配运用

（1）质地厚重的实木家具可展现粗犷美

美式乡村风格的家具体积庞大，质地厚重，坐垫也加大，并且保有木材原始的纹理和质感，还刻意添上仿古的瘢痕和虫蛀的痕迹，创造出一种古朴的质感，展现原始粗犷的美式风格。

◀质地厚重的深色实木家具，为居室增添了粗犷、原始的美感

（2）布艺/真皮家具能够增添舒适气息

布艺和皮质是乡村风格中非常重要的元素，其天然感与乡村风格能很好地协调，在家居中使用此类的家具，能够彰显出美式乡村风格的舒适和随意。

◀布艺是美式乡村风格家居中的重要元素，采用其制作的沙发无论是在视觉上还是在使用上都非常舒适

（3）大花布艺织物能增添雅致休闲的生活意境

美式乡村风格非常重视生活的自然舒适性，突出格调清婉惬意，外观雅致休闲。若在设计居室时更注重体现具有休闲感的生活意境，可选择以形状较大的花卉图案为主，图案神态生动逼真的一类布艺。

▲花卉为主的靠枕，为居室增添了自然感和休闲感

（4）利用大型盆栽可塑造高雅氛围

在美式乡村风格的家居中，各类大型的绿色盆栽是非常重要的装饰运用元素。摆放一些此类的绿植，可塑造出自然、简朴、高雅的氛围，若觉得单调，可适当搭配一些小型盆栽，或西方风格的花艺。

▲在略显空旷的角落中摆放一盆大型盆栽，既可增强美式乡村居室的自然气息，又能增添高雅感

第九节
田园风格

一、田园风格的软装元素

❶ 家具

家具材质的选择上均以木材为主。英式田园风格的家具多使用本土的胡桃木，且外形质朴素雅，此外，布艺材质的手工沙发也占据着重要的地位。韩式田园风格中，象牙白的家具、粉色碎花的布艺家具及手绘家具，是非常具有代表性的。

Furniture
家具

白漆实木框架布艺家具

全布艺家具

田园元素彩绘家具

布艺木腿家具

实木本色家具

编织家具

拼色实木布艺家具

实木拼色家具

实木＋软包造型家具

❷ 布艺

无论是英式田园风格，还是韩式田园风格，其窗帘的选择皆大同小异，以自然色或碎花图案为主的棉麻材质为主。不同的是，韩式田园风格往往会选择带有可爱蓬蓬裙边的坐垫、床裙等布艺，而英式田园的布艺则简洁、大气许多。

▲韩式田园风格的布艺更婉约、唯美　　▲英式田园风格的布艺较为简洁、大气

❸ 灯饰

在灯饰的选用上，两种田园风格与美式乡村风格、法式乡村风格所运用的灯饰有部分相同，如铁艺枝灯、彩绘玻璃灯和蕾丝台灯。此外，这两种田园风格中也常会出现带有复古图案灯座的台灯。

Lighting
灯饰

白色树脂雕花描金 / 银灯

花朵造型灯

田园配色纱罩灯

色树脂田园元素彩绘灯

田园元素印花布艺罩灯

蕾丝罩灯

❹ 装饰品

　　盘子装饰、小型绿植盆栽都是营造田园风情的好帮手。此外，英伦风的装饰品可以选择米字图案摆件、胡桃夹子人偶，或者是具有英式风情的下午茶茶具等。具有韩式本土特色的工艺品也有很多，如韩国木雕、韩国面具、韩国太极扇、民间绘画饰品等。

　　田园风格装饰画的特点是自然、舒适、温婉、内敛，题材以自然风景、植物花草、动物等自然元素为主。画面色彩多平和、舒适，即使是对比色由于取自于自然界，也会经过调和降低刺激感再使用，非常舒适，例如淡粉色和深绿色的组合。

Artware
工艺品

Decorative painting
装饰画

树脂萌物工艺品

英式主题装饰画

田园主题挂盘

米字旗图案工艺品

韩式人偶娃娃

植物主题装饰画

胡桃夹子工艺品

田园元素造型挂钟

动物主题装饰画

二、软装的特点与搭配应用

① 软装的特点

（1）软装的色彩

由于英式田园风格会用到大量的木材，因此本木色在家中曝光率很高，常用于软装家具和吊顶横梁之中。韩国田园风格的软装色彩则着重体现浪漫情调，大量女性色彩应用广泛，最受欢迎的为粉色，纯度较高的黄色、绿色、蓝色也会经常出现。

Colour
软装色彩

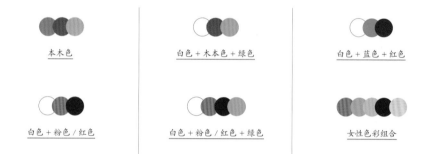

本木色 · 白色＋木本色＋绿色 · 白色＋蓝色＋红色

白色＋粉色／红色 · 白色＋粉色／红色＋绿色 · 女性色彩组合

（2）软装的材质及图案

田园风格追求自然韵味，软装均会大量用到木材和棉麻织物。另外，由于韩式田园风格以唯美、可爱著称，因此设计秀美、工艺独特的蕾丝、薄纱材质也会较多出现。

图案方面，能够彰显自然风情的碎花以及格纹图案，绝对是两种田园风格营造的主角。除此之外，带有英伦风情的米字旗图案在英式田园风格中出现较多；而在韩式田园风格中，代表轻盈与美丽的蝴蝶图案出现频率较高。

▲韩式田园中较多使用碎花图案的软装

▲米字旗图案的软装是英式田园中的代表性元素

❷ 软装的搭配运用

（1）天然材料可展现田园风格的清新淡雅

田园风格的家居中的软装饰，多用木料、棉麻等天然材料。这些自然界原来就有、未经加工或基本不加工就可直接使用的材料，其原始自然感可以体现出田园风格的清新淡雅。

◀天然的木质、棉麻等材质，自然感浓郁，且可凸显田园风居室的清新感

（2）铁艺可为居室增添优雅意境

铁艺是田园风格装饰的精灵，或为花朵，或为枝蔓，或灵动，或纠缠，无不为居室增添浪漫、优雅的意境。用上等铁艺制作而成的铁架床、灯具等，足以令欧式田园风格的空间更具风味。

◀铁艺灯具为英式田园居室增添了些许灵动感和优雅的意境

（3）植物布艺可增添自然气息

在田园风格的家居中，可使用一些带有花卉图案或植物图案的布艺织物。无论是大花图案，还是碎花图案，都可以很好地诠释出欧式田园风格特征，即可营造出一种浓郁的自然气息。

（4）更适合选择小体量的花卉

在田园风格的家居中，插花一般采用小体量的花卉，如薰衣草、雏菊、玫瑰等，这些花卉色彩鲜艳，给人以轻松活泼、生机盎然的感受。搭配柔美浪漫的古朴花器令空间更具田园气息。

▲植物元素的床品和窗帘，为田园风居室增添了自然气息

▲小体量的花卉摆放在角落，更能凸显田园风格的浪漫感

（5）做旧家具增添个性

在田园风格中若想使自然感更强的同时还具有一些个性效果，可适当使用一两件做旧处理的木质家具，做旧的痕迹可以明显一些，甚至带有一些斑驳感最佳，家具上可以搭配一些小型摆件来凸显其特征，或搭配对比性强的材质如铁艺，来丰富装饰层次。

▲做旧处理的家具，粗犷而斑驳，与田园风的自然内涵相符，且具有十足的个性感

第十节
地中海风格

一、地中海风格的软装元素

① 家具

　　地中海风格的家具线条简单、造型圆润，通常都带有一些弧度设计；所使用的材料多为自然材质，例如原木、藤等，或裸露材质本色，或涂刷彩色油漆；独特的锻打铁艺家具，也是地中海风格独特的美学产物，通常也是线条流畅、造型圆润。

Furniture
家具

本色实木布艺家具

组合图案布艺家具

实木彩绘家具

白漆实木布艺家具

拱形弧线造型家具

擦漆做旧实木家具

彩漆实木布艺家具

地中海纹样拉扣家具

铁艺家具

❷ 布艺

地中海家居中的布艺最好体现出自然、舒适的感觉，纯棉、粗棉布皆可令家居空间凸显出自然韵味。轻薄纱帘其轻绵的质感，仿佛地中海的清风拂过，是非常带有地域特征的装饰物。

▲略带粗糙感的棉麻布艺，更具天然感和舒适感

▲轻薄的白色纱帘，为地中海居室增添了一丝清凉感

❸ 灯饰

地中海灯饰常见的特征之一是灯饰的灯臂或中柱部分常会做擦漆做旧处理，力求表现出纯正的自然气息。此外，彩绘玻璃与白陶材质的灯罩吊灯也非常常用。船舵、贝壳等造型或图案的灯饰由于带有童趣，常用在儿童房中，客厅和餐厅中常见地中海吊扇灯。

Lighting
灯饰

铁艺拼花罩灯

磨砂金属拼花罩灯

拼色玻璃罩灯

彩色铁艺拼花罩灯

吊扇灯

树脂拼花罩灯

④ 装饰品

地中海家居中的装饰品同样带有浓郁的海洋风情，船锚、救生圈、贝壳等在空间中十分常见。地中海风格的家居非常注意绿化，爬藤类植物是常见的居家植物，小巧可爱的绿色盆栽也常看见。

地中海风格的装饰画带有典型的海洋风情，画面内容以地中海地区的自然景观、建筑及海洋元素等为主。色彩的组合非常奔放、纯美，除了经典的蓝白、大地色系等组合外，蓝黄、红绿等对比色也非常常见，表现一种无拘束的自由感。

Artware

工艺品

Decorative painting

装饰画

船造型工艺品

玻璃工艺品

印染图案装饰画

灯塔造型工艺品

海洋生物造型工艺品

地中海风立体树脂画

轮盘造型工艺品

陶瓷工艺品

地中海建筑主题装饰画

二、软装的特点与搭配应用

① 软装的特点

（1）软装的色彩

地中海风格的软装配色与硬装相同，主要来源三个方面：① 蓝色 + 白色，灵感来源于西班牙的蔚蓝海岸与白色沙滩，以及希腊的白色村庄；② 蓝色 + 黄色，最具有活泼感和阳光感的地中海配色；③ 红褐、土黄，典型的北非地域配色，呈现浑厚之感。

Colour
软装色彩

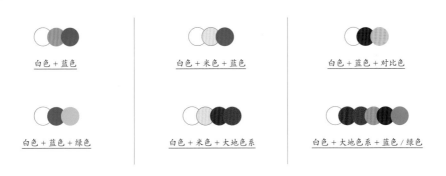

白色 + 蓝色　　　　　　　白色 + 米色 + 蓝色　　　　　　白色 + 蓝色 + 对比色

白色 + 蓝色 + 绿色　　　　白色 + 米色 + 大地色系　　　白色 + 大地色系 + 蓝色 / 绿色

（2）软装的材质及图案

地中海风格的家居中，木质和棉织布艺、铁艺和玻璃饰物都较为常用，其中做旧的铁艺及木质家具，可以凸显出地中海风情的斑驳感；而玻璃所独具的通透性与晶莹度，则与地中海风格清爽的氛围不谋而合，因此也较为常见。另外，格子和条纹是地中海风格中较常见的图案，一般用在布艺织物中。

▲木质、棉麻材质的软装，在地中海风格的家居中非常常见

❷ 软装的搭配运用

（1）实木家具可烘托出自然气息

在地中海风格的家居中，实木家具通常涂刷蓝色、白色的木器漆，部分还会进行表面做旧的处理。客厅的茶几、餐厅的餐桌椅以及各个空间的柜体等家具，都可以使用，可以烘托出地中海风格的自然气息。

▲蓝色的、带有做旧感的木质家具，可表现出融合了海洋气息的自然感

（2）船形家具可强化海洋风情

船形的家具是最能体现出地中海风格家居的元素之一，其独特的造型既能为家中增添一分新意，也能令人体验到来自地中海岸的海洋风情。在家中摆放这样的一个船形家具，浓浓的地中海风情呼之欲出。

（3）海洋元素饰品可尽显新意

除了船形家具以外，船、船锚、救生圈这类与船有关的小装饰，以及海星、贝壳等海洋元素饰品也受地中海家居钟爱，将它们摆放在家居中，尽显新意的同时，也能将地中海风情渲染得淋漓尽致。

▲船形家具可为地中海家居增添趣味性

▲木质、棉麻材质的软装，在地中海风格的家居中非常常见

（4）纤巧的铁艺家具可增添灵动感

带有灵巧弧度的铁艺家具无论是体积还是造型都非常纤巧，在家居中使用，可以在细节处为地中海风格的家居增加活跃、灵动感。

▲地中海风格家居中使用具有纤巧感的铁艺家具，可增添灵动感

（5）玻璃、陶瓷强化清新感

在地中海风格的家居中，可以选择一些白色、蓝色、青色款式的玻璃和陶瓷类的饰品，此类饰品具有强烈的光泽感和通透性，能够强化空间中的清新感。

◀青色系的陶瓷台灯及花器，强化了地中海风格居室中的清新感

第十一节
东南亚风格

一、东南亚风格的软装元素

❶ 家具

　　东南亚风格的家具大多就地取材，体型庞大，具有异域风情。其中，木雕家具最为常见，又以柚木为合适的上好原料。另外，也常见藤质家具，其天然环保，且具有吸湿、吸热、透风、防蛀，不易变形和开裂等物理性能，可以媲美中高档的硬木。

Furniture
家具

民族元素雕花实木布艺家具

实木布艺家具

实木＋编织家具

民族元素雕花实木家具

民族元素雕花竹木家具

民族元素雕花＋镀金实木家具

编织家具

立体雕刻实木家具

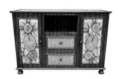
彩绘实木家具

❷ 布艺

　　各种各样色彩艳丽的布艺装饰是东南亚家居的最佳搭档。其中，泰丝抱枕是沙发上或床上最好的装饰品；也常见曼妙的纱幔、色彩深浓的窗帘等布艺装饰。在布艺色调的选用上，东南亚风情标志性的炫色系列多为纯度较高的色彩。

▲彩色的布艺可彰显东南亚风格的绚丽感　　　　　　　▲轻透的纱幔柔化了实木床的厚重感

❸ 灯饰

　　东南亚风格的灯饰和家具一样，也延续了取材自然的特点。如贝壳、椰壳、藤、枯树干等，都可以用来设计灯饰，具有强烈的艺术化特征。另外，东南亚风格的灯饰在造型上具有明显的地域民族特征，如佛手灯、大象造型的台灯等。

Lighting
灯饰

古铜彩色水晶灯

仿实木树脂灯

编织灯

古铜彩色玻璃灯

实木雕花灯

立体丛林元素造型灯

④ 装饰品

由于东南亚国家信奉神佛，在装饰品中，常见佛像、佛手造型的工艺品；另外，大象是东南亚很多国家都非常喜爱的动物，所以大象饰品也较常见。而东南亚国家盛产锡器，这种带有强烈文化印记的物品，也是体现东南亚风情的绝佳装饰。

东南亚风格实际上是将西方和东方元素的融合后加入了本地特色而产生的风格，所以装饰画有偏于中式特点、偏于西式特点的，还有带有典型泰式特点的。色彩或淡雅或浓郁，除了常规的印刷、绘制作品外，还较多地使用实木等材料的雕刻画、鎏金画等。

Artware
工艺品

Decorative painting
装饰画

佛像工艺品

泰式木雕工艺品

泰式木雕画

金箔工艺品

泰式复古铜艺工艺品

泰式金箔画

大象造型工艺品

铁艺创意工艺品

雨林主题装饰画

二、软装的特点与搭配应用

① 软装的特点

（1）软装的色彩

东南亚风格最重要的特征是取材自然，因此在色泽上也多为来源于木材和泥土的褐色系。另外，东南亚地处热带气候闷热潮湿，在家居装饰上常用夸张艳丽的色彩冲破视觉的沉闷，常见红、蓝、紫、橙等神秘、跳跃的源自大自然的色彩。

Colour
软装色彩

大地色系 + 白色   大地色系 + 米色   大地色系 + 白色 + 绿色

大地色系 + 白色 + 冷色   大地色系 + 对比色   大地色系 + 多彩色

（2）软装的材质及图案

藤条、竹子、木材、石材等天然材料常出现在东南亚风格的家具和装饰物中。

东南亚风格的家居中，图案往往来源于两个方面，一个是以热带风情为主的花草图案，另一个是极具禅意的图案。其中，花草图案的表现并不是大面积的，而是以区域型呈现，图案与色彩非常协调。而禅意风情的图案则作为点缀出现在家居环境中。

▲深色的实木、竹材、藤编软装，可以彰显出东南亚风格具有雨林气息的原始感

❷ 软装的搭配运用

（1）雕花原木家具可展现东南亚的天然气息

原木以其拙朴、自然的姿态成为追求天然的东南亚风格的最佳材料。用浅色木家具搭配深色木硬装，或用深色木家具来组合浅色木硬装，都可以呈现出浓郁的自然风情。

▲花卉为主的靠枕，为居室增添了自然感和休闲感

（2）藤质家具环保且具有艺术感

在东南亚家居中，也常见藤质家具的身影。藤质家具天然环保，最符合低碳环保的要求，它具有吸湿、吸热、透风、防蛀，不易变形和开裂等物理性能，可以媲美中高档的硬杂木材。并且，其多采用编织工艺制作，具有浓郁的艺术感。

▲藤艺、实木与布艺组合的沙发，不仅层次丰富、艺术感强，且不乏舒适感

（3）大地色系软装可表现出热带的古朴风味

将各种家具包括饰品的颜色控制在棕色或咖啡色系范围内，再用白色或米黄色全面调和。这种大地色系以其拙朴、自然的姿态成为追求天然的东南亚风格的最佳配色方案。

▲大地色搭配米色系的软装组合，拙朴而又不乏层次感

（4）独有的饰品可强化风格特征

在东南亚风格中，有一些饰品是极具代表性甚至是独有的，包括做旧铜艺的摆件、木雕工艺品、大象元素的饰品等，在家居空间中的适合位置布置此类饰品，能够强化风格特征并增添艺术感。

（5）泰丝抱枕是最好的装饰品

艳丽的泰丝抱枕是沙发上或床上最好的装饰品，明黄、果绿、粉红、粉紫等香艳的色彩化作精巧的靠垫或抱枕，跟原色系的家具相衬，香艳的愈发香艳，沧桑的愈加沧桑。

▲铜艺佛像具有显著的东南亚特征

▲艳丽的泰丝抱枕使素雅的空间变得浓丽起来

第十二节
日式风格

一、日式风格的软装元素

❶ 家具

　　日式家具低矮、且体量不大，布置时的运用数量也较为节制，力求保证原始空间的宽敞、明亮感。另外，带有日式本土特色的家具，如榻榻米、日式茶桌等，大多材质自然、工艺精良，体现出一种对于品质的高度追求。

Furniture
家具

原木框架彩色布艺家具

原木家具

原木拼色家具

原木框架无色系布艺家具

原木＋编织家具

日式茶桌

低矮简洁线条布艺家具

原木＋玻璃家具

日式榻榻米座椅

❷ 布艺

日本布艺多选择棉麻等天然材质，色彩多用深蓝色、米色、白色等，且带有日本特色图案或一些简洁的几何类型或抽象形图案。另外，布艺造型都比较简洁，注重留白和禅意，少有烦琐的花边、褶皱等设计。

▲素色的布艺，最能够彰显出日式风格的禅意

❸ 灯饰

日式灯具既要体现日式风格的精髓，又要透出一丝丝禅意。从外观上说，日式灯具的线条感强，造型讲究，形状以圆形、弧形居多；从灯光颜色来说，光线温和，偏暖黄，给人温暖、安静的感觉。

Lighting
灯饰

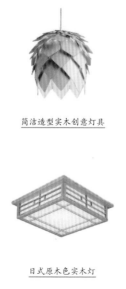

竹编灯

简洁造型实木创意灯具

原木玻璃罩灯

白色蚕丝布艺灯

日式原木色实木灯

竹筒灯

④ 装饰品

　　日式风格家居中的装饰品同样遵循以简化繁的手法，求精不求多。利用独有风格特征的工艺品，来表达其风格本身特有的韵味。装饰品一般来源于两个方面，一种是典型的日式装饰，如招财猫、和风锦鲤装饰、和服人偶工艺品、浮世绘装饰画等；另一种为体现日式风格侘寂情调的装饰，如枯木装饰等。

　　另外，在日式风格的家居中，还会有一种较常见的装饰，即蒲团＋茶桌＋清水烧茶具，体现出浓浓的禅意风情。

Artware
工艺品

Decorative painting
装饰画

招财猫摆件

和风锦鲤装饰

浮世绘装饰画

日式人偶摆件

和风扇形工艺品

禅意水墨装饰画

禅意金属工艺品

禅意木质工艺品

日式主题装饰画

二、软装的特点与搭配应用

① 软装的特点

（1）软装的色彩

　　日式风格的家居中，色彩上不讲究斑斓美丽，通常以素雅为主，淡雅、自然的颜色常作空间主色。因此，不论是家具还是装饰品，色彩多偏重于浅木色，可以令家居环境更显干净、明亮。同时，也会出现蓝色、红色等点缀色彩，但以浊色调为主。

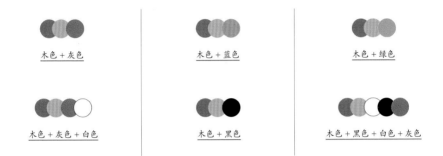

Colour
软装色彩

木色＋灰色　　　　　　木色＋蓝色　　　　　　木色＋绿色

木色＋灰色＋白色　　　　木色＋黑色　　　　　木色＋黑色＋白色＋灰色

（2）软装的材质及图案

　　日式风格注重与大自然相融合，所用的装修建材也多为自然界的原材料，如木质、竹质、纸质、藤质的天然绿色建材被广泛应用。

　　图案方面，樱花、浅淡的水墨画、日式和风花纹等十分常见，令家居环境体现出一种唯美的意境。

▲自然材质的软装能够体现日式风格对与自然融合的追求

▲中式水墨具有悠远的意境，符合日式风格的意境

② 软装的搭配运用

（1）日式软装需摒弃设计繁复的类型

现代日式风格的软装设计运用几何学形态要素以及单纯的线面交错排列处理，避免形态的突出，尽量排除多余痕迹，以取消装饰细部处理的抑制手法来体现风格本质，这样的软装才能使空间具有简洁明快的时代感，因此，应尽量避免选择设计繁复的类型。

▲日式风格的软装，不仅造型简约，摆放时也需尽量做较多的留白处理

（2）用家具来分隔空间可增强流动性

日式风格的家居空间受日本和式建筑影响，讲究空间的流动与分隔，因为这样的空间形态才能让人静静地思考，并具有无穷的禅意。那么，在进行家居布置时，即可采用软装来对一个大空间进行分区，而尽量少使用固定的隔断等构件。

▲用家具分割客厅和餐厅，使空间更具通透感

▲小面积空间中使用家具分区显得更宽敞

（3）可多选择一些原木色的软装

日本传统美学对原始形态十分推崇，因此在日式家居中不假雕琢的原木色软装是一定要出现的色彩，可以令家居环境更显干净、明亮，同时形成一种怀旧、怀乡、回归自然的空间情绪。

◀原木色的家具、藤帘等，温馨而又具有干净、明亮的效果

（4）榻榻米可赋予空间更多功能性

榻榻米既有一般凉席的功能，又兼具美观舒适性，其收藏储物功能也是一大特色，非常适合空间面积有限的家庭。另外，榻榻米还可以结合升降台桌一起设计，丰富使用的功能性。

▲在适合的空间内设计一处榻榻米，并不需要太多的空间，即可满足休闲、储物等多种功能性

（5）用特色艺术品或花艺绿植来打破平淡

在日式家居中，色彩的变化是比较少的，若觉得整体配色层次过于平淡，可选择一些特色艺术品来增添活泼感，例如色彩鲜艳的和服玩偶、充满趣味性的招财猫摆件或浮世绘装饰画等均非常适合，或者也可选择一些日式花艺或绿植来活跃空间氛围。

▲色彩突出的浮世绘主题装饰画，打破了空间的单调感　　▲虽然空间内只有一点绿色，却增添了浓郁的生机

（6）可多使用枯枝、枯木、风干植物来增添禅意

日式风格的居室非常讲求禅意的塑造，在布置花艺时不像欧式风格居室那样讲求华丽感，因此，可以多选择一些低彩度的枯枝、风干类型的植物来装饰空间，此类花艺还可与原木家具形成和谐、统一的感觉。

▲枯木摆件具有浓郁的日式禅意感，作为空间中的主体装饰可使日式特征更显著

第五章
家居人群与软装设计

在进行家居软装设计时以居住者的性别、性格等为出发点，效果会更具有针对性也更个性，男性、女性、孩子、老人，不同的居住者，决定了软装的组合也应有相应的区别，"以人为本"才能展现使用者的个性并具有归属感。

一、家居人群的分类与特征

❶ 家居人群的分类

从居住者的年龄和性别的角度，家居人群可分成人和儿童两类，其中成人包括了女性、男性和老人三类，儿童则包括了女孩和男孩两类。不同人群的喜好、性格等方面是存在区别的，因此在面对人群设计软装时，也应根据其特征分别做针对性的设计，这样做的好处是可以使居住者更具归属感，也更使家居空间显得与众不同。

而如两口之家、三口之家、四口之家等类型的家庭，因为居住的人群较多，在公共区即可按照风格进行装饰，而在不同的卧室中再结合个人风格和人群特点综合性地进行装饰。

▲成年人的空间即使活泼也具有成熟的气质

▲儿童的房间充满了童趣

❷ 家居人群的特征

人群	特征
男性	有力量的、阳刚的、理智的、绅士的
女性	温柔的、甜美的、优雅的、高贵的
老人	睿智的、历经沧桑的、沉稳的，体弱，喜欢安静的氛围
女孩	天真的、甜美的、活泼的，喜欢自由
男孩	好动的、天真的、顽皮的，活力无穷、喜欢自由

二、不同人群软装设计的区分要素

① 软装的色彩

色彩是区分不同人群软装设计的重要因素，人群的特征总体来说是需要依靠色彩来传递的，例如男性的力量感通常需要依靠低明度、低纯度的具有厚重感的暖色相来表现；女性的温柔感则需要依靠高明度、低纯度的暖色来表现。

▲低明度、低纯度的软装具有男性气质　　　　　　▲高明度、低纯度的软装具有女性气质

② 软装的造型

不同造型的软装，同样可以表现出人群的不同特征，例如男性居所中，可多使用一些直线条的家具和少细节装饰的布艺；女性居所中，可多使用一些具有柔和线条的家具及带有细节设计的布艺，如流苏、蕾丝等；而在儿童房中，则可使用一些卡通造型、交通工具造型或者城堡造型的家具，来表现其年龄及性别等特点。

▲通常来说，简洁的、直线条为主的软装适合男性　　　▲曲线的、多细节设计的软装更适合女性

❸ 软装的材质

软装的材质从大体上可以分为冷材质、暖材质和中性材质三类，它们给人的心理感受是不同的，结合这种感受，即可将软装的材质也作为表现人群特点的要素。例如，在男性居所中，可多使用一些冷材质的工艺品和中性材质的家具，搭配适量暖材质的布艺来强化其特征，而在女性居所中，则可多使用一些中性材质和暖材质的家具、工艺品及布艺等，搭配少量冷材质的工艺品。

材质	特征	包含材料
暖材质	使人感觉温暖	皮毛、织物、地毯等
冷材质	使人感觉清凉	各种金属、玻璃、陶瓷等
中性材质	无冷暖感觉偏颇	木材、草、藤、竹等

❹ 软装的图案

在同一种软装上，若使用的图案不同效果也是不同的，例如同样款式的抱枕，带有棱角的几何图案较适合男士，花草图案的则较适合女士，传统图案的适合老人，而卡通图案的则适合儿童。面对不同的设计对象时，可以利用图案的特点来表现人群的特点。

▲简洁、利落的几何图案较适合男性　　　　　　　　▲花朵图案更具有女性特征

三、"以人为本"的软装设计技法

❶ "刚柔并济"打造魅力男性空间

成功男士的象征除了在事业上要功成名就之外，居住的房子也是其生活品质的表现。除了选择有着浓浓阳刚之气的软装外，还可以选择散发着自然风情的软装家具，与强大的收纳空间设计，刚柔并济的个性生活空间令男性更具魅力。

② 女性家具具有艺术性

在女性居所中，可以多使用一些矮体家具，或造型奇异且可随意变换形态的软体家具，以及可折叠并容易移动的家具，这些颇具艺术性的家具对女性有着相当的吸引力。

▲男性居所中，软装的造型或色彩应具有阳刚之气

▲女性风格的家具较低矮且线条更柔和

③ 老人房要注重安全性

老人通常历经沧桑，喜欢回忆以前的经历，喜欢具有安稳感氛围的空间，隔音性良好和具有温暖触感的材质较适合老人房使用，为安全起见应避免过多采用玻璃等硬朗、脆弱的材质。

④ 男孩房适合积极向上的软装

男孩房在软装搭配方面可以选择积极向上的软装元素，如运动明星、动漫主角以及枪、车等，培养孩子正义、勇敢的性格。画面以卡通画为主，但是过于凶猛的画面及鬼怪面谱容易导致孩子做噩梦，且会影响孩子对事物的主观印象。

▲带有英雄气概的动漫主角，很适合用来装饰男孩房

⑤ 女孩房宜布置的具有梦幻色彩

每个小萝莉都有公主的梦想，伴着晶莹剔透的水晶灯和各类洋娃娃，在粉嫩的公主床上面睡个甜甜的觉，就好像进入一场甜美梦幻的旅行一般，充满了乐趣。为女孩布置一个具有梦幻色彩的房间，让生命更加美丽地绽放。

▲女孩房的软装布置可有梦幻感一些

第二节
成人空间的软装设计

一、男性居所的软装设计

① 男性居所常用软装元素

　　单身男性的家居环境一般素整、高效，因此装饰品不必过多，但一定要体现理性，可以用雕塑、金属装饰品、抽象画等来装饰。家具方面，粗犷感的家具、对比材质的家具较为能体现出男性特征；而收纳性质明晰的家具可以较好地帮助单身男性进行衣物分类。

Furniture
家具

直线条布艺家具

板式家具

大理石＋金属家具

木框架家具

金属家具

玻璃＋金属家具

多功能储物家具

皮革家具

实木家具

Lighting
灯饰

Artware
工艺品

Decorative painting
装饰画

直线条实木灯具

车类造型工艺品

个性建筑主题装饰画

简洁造型的灯具

复古树脂工艺品

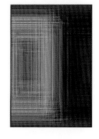

抽象装饰画

多菱角灯具

抽象工艺品

几何元素装饰画

金属＋玻璃灯

简洁造型工艺品

强对比装饰画

② 软装的特点

（1）软装的色彩

　　单身男性居所中的软装代表色彩通常是具有厚重感或者冷峻的色彩，其中，表现冷峻的色彩以冷色系以及黑、灰等无色系色彩为主，明度和纯度均较低。表现厚重的色彩以暗色调及浊色调为主，能够表现出力量感。

Colour
软装色彩

黑色＋白色＋灰色　　　低纯度、低明度的蓝色　　　灰色＋蓝色

黑色＋蓝色　　　低纯度、低明度的暖色　　　对比色组合

（2）软装的材质及图案

　　单身男性的家居空间装饰品及家具的选材，均可以玻璃、金属等冷调质感的材质为主。在造型上面则以几何造型、简练的直线条为主，顺畅而利落。

▲带有金属材质的家具，可以彰显出男性的刚毅气质　　　▲具有简练感、直线条为主的家具造型更适合表现男性特点

❸ 软装的搭配运用

（1）用帅酷的软装饰品，体现理性及个性

材质硬朗、造型个性的软装饰品能彰显男性的魅力，同时彰显其理性的特点及个性。如不锈钢画框、铁艺工艺品、抽象装饰画、几何线条的落地灯、玻璃台灯等。

▲具有硬朗感的、帅酷的软装，更能体现出男性的理性特征

（2）格子、条纹图案彰显绅士气质

配色具有男性特点的各种格纹、条纹图案，融入的布艺织物中，令空间拥有一种独特的英伦气息，庄重典雅的同时带出一丝时尚元素，彰显男性的绅士感。

（3）蓝色搭配无色系可展现理智感

以冷色系为主的软装，搭配一些灰色，能够展现出理智、冷静、高效的男性气质，加入白色则具有明快、清爽感，同时搭配黄色系的配饰，可令空间同时具有活泼感。

▲千鸟格图案的布艺，增添了绅士感

▲无色系为主点缀蓝色，具有理智、冷静的氛围

二、女性居所的软装设计

① 女性居所常用软装元素

　　单身女性的家居环境中软装应以温馨、浪漫的基调为主，注重营造空间的系列化，以及色彩和元素的搭配。家具常见具有艺术化特征家具和带有女性色彩的家具。家居饰品则需要体现出清新、可爱、精致感。

Furniture
家具

棉麻布艺家具

铆钉＋拉扣工艺家具

弧线造型描金家具

丝绒布艺家具

花朵造型家具

曲线造型雕花描金家具

铁艺＋布艺家具

皮革家具

刺绣工艺家具

弧线造型家具

圆润线条实木家具

玻璃＋金属家具

Lighting

灯饰

Artware

工艺品

Decorative painting

装饰画

马卡龙色灯具

曲线造型工艺品

花鸟主题装饰画

花朵造型灯具

非凶猛动物造型工艺品

风景主题装饰画

水晶灯具

水晶工艺品

柔和色彩抽象画

蕾丝 / 流苏装饰灯

陶瓷工艺品

女性主题装饰画

❷ 软装的特点

（1）软装的色彩

女性家居的软装配色色相方面基本没有限制，即使是黑色、蓝色、灰色也可以应用，但需要注意色调的选择，避免过于深暗的色调及强对比。另外，红色、粉色、紫色等具有强烈女性主义的色彩运用十分广泛，但同样应注意色相不宜过于暗淡、深重。

Colour
软装色彩

| 纯色调或明色调的暖色 | 高明度或高纯度的冷色 | 高明度或高纯度的中性色 |
| 紫色 | 白色＋高明度灰色 | 多色组合 |

（2）软装的材质及图案

女性家居中可使用带有螺旋和花纹的铁艺材质的家具或摆件等，来体现精致感；另外，布艺也是非常适合凸显女性特征的一类软装，带有蕾丝、流苏装饰的特别适合表现唯美而浪漫的感觉。花草纹以及曲线、弧线等圆润线条的图案能体现出女性的柔美。

▲丝绒质感布艺的软装，柔美而又具有高级感，很适合女性家居

❸ 软装的搭配运用

（1）水晶饰品可展现女性的灵动和品位

水晶给人清凉、干净、纯洁的感觉，很多女性都有水晶首饰，它的质感与女性十分相符。在家居软装布置中，璀璨夺目的水晶工艺品，表达着特殊的激情和艺术品位，可以为女性家居增添灵动感。

▲水晶材质的灯具，为女性居所增添了灵动感

（2）用碎花、花草、植物等图案可展现甜美感

形容女性的容颜美丽，多用花朵来比喻，可见花朵与女性在人们的心中是具有相似感的。在女性家居中，多使用一些带有粉色、红色等或柔和或艳丽色彩的碎花、花草、植物图案，能够展现出女性的甜美感。

▲草纹图案的蕾丝床品，尽显女性的高贵和浪漫

▲花朵图案的布艺，可展现女性的甜美感

三、老人房的软装设计

1 老人房常用软装元素

老人通常历经沧桑，喜欢回忆以前的经历，喜欢具有安稳感氛围的空间，不喜欢过于艳丽、跳跃的色调和过于个性的家具。样式低矮、方便取放物品的家具和古朴、厚重的中式家具较为合适。另外，老人房要求空间流畅，因此，家具应尽量靠墙而立。

Furniture
家具

原木色实木家具

布艺家具

多储物空间家具

深色系实木家具

圆润边角家具

软包家具

实木雕花家具

摇椅

按摩功能家具

深色皮革家具

编织家具

低矮家具

Lighting
灯饰

Artware
工艺品

Decorative painting
装饰画

中式元素灯

禅意根雕工艺品

书法作品

编织灯

吉祥寓意工艺品

中式题材 3D 立体装饰画

棉麻布艺＋树脂灯

复古陶瓷工艺品

复古工艺画

棉麻布艺＋实木灯

做旧金属工艺品

水墨装饰画

❷ 软装的特点

（1）软装的色彩

　　老年人一般喜欢相对安静的环境，在装饰老人房时需要考虑这一点，使用一些舒适、安逸的配色。例如，使用色调不太暗沉的温暖色彩，表现亲近、祥和的感觉，红、橙等高纯度且易使人兴奋的色彩应避免使用。在柔和的前提下，也可使用一些对比色来增添层次感和活跃度。

Colour
软装色彩

柔和或沉稳的暖色　　　　柔和或沉稳的蓝色　　　　柔和或沉稳的绿色

柔和或沉稳的紫色　　　　色相对比组合　　　　　　明度对比组合

（2）软装的材质及图案

　　选择老人房的软装材质时，建议综合考虑实用性、舒适性及安全性，如与金属、丝绒相比，棉麻、木材等温润、质朴的材质更适合老人。

▲天然材质的软装，更适合装饰老人房　　　　▲典雅或复古的图案，更能表现老年人的怀旧特征

③ 软装的搭配运用

（1）花鸟、水墨元素挂画能使老人房具有恬静感

老年人喜爱宁静安逸的居室环境，追求修身养性的生活意境。因此房中摆放恬静淡雅的花鸟图或者水墨元素的装饰画，与老年人悠闲自得的性情非常契合。

▲千鸟格图案的布艺，增添了绅士感

▲无色系为主点缀蓝色，具有理智、冷静的氛围

（2）复古瓷瓶展现古朴风情

在精雕细琢的实木柜上摆放一个古香古色的青花瓷瓶，仿佛把时间定格在那古朴的岁月，能够表现出老人历尽沧桑的睿智感。

▲陶瓷材质的摆件、花瓶及台灯，为老人房增添了古朴的风情

第三节
儿童空间的软装设计

一、女孩房的软装设计

❶ 女孩房常用软装元素

　　女孩给人天真、浪漫、有活力的感觉，在进行女孩房设计时，需要体现出这些感觉。色彩上常用亮色调以及接近纯色调的色彩，家具和饰品也要遵循这一特点，公主床等具有童话色彩的家具，以及玲珑、活泼的卡通家具都非常适合女孩儿房。

Furniture

家具

糖果色布艺家具

蝴蝶结元素家具

公主床

女性色卡通造型家具

女性色木质家具

原木家具

女性色豆袋家具

曲线造型铁艺家具

童话元素家具

Lighting
灯饰

Artware
工艺品

Decorative painting
装饰画

可爱图案布艺灯

女性主题造型工艺品

花朵主题装饰画

可爱动物元素灯

可爱动物造型工艺品

卡通主题装饰画

唯美水晶灯

音乐盒

可爱动物主题装饰画

马卡龙色灯

洋娃娃

动漫风格装饰画

211

❷ 软装的特点

（1）软装的色彩

暖色系定调的颜色倾向，很多时候令人联想到女孩儿的房间，比如粉红色、红色、橙色、高明度的黄色或棕黄色。另外，女孩儿房的软装也常会用到混搭色彩，达到丰富空间配色的目的。但需注意，配色不要杂乱，可以选择一种色彩，通过明度对比，再结合一两种同类色来搭配。

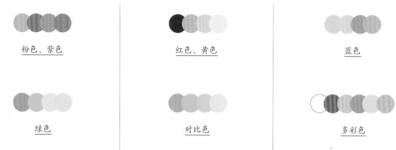

（2）软装的材质及图案

为了孩子的健康着想，女孩儿房的软装在材质的选用上应力求天然、无污染；图案常见七色花、麋鹿、美少女、心形等梦幻图案或卡通图案，为女孩儿房打造出童话气息。天然风格的女孩房中，也可使用碎花、格纹等经典图案。

▲心形及卡通图案的天然材质布艺，非常适合布置女孩房

❸ 软装的搭配运用

（1）公主床可以圆女孩一个公主梦

公主床最突出的特点就是那淡淡的梦幻气息，没有一丝杂质，给人无限宁静和遐想。精心为女孩购买一款设计合理的公主床，让睡眠更具乐趣。这种床大多都设计成女孩喜欢的粉色、紫色、浅蓝色、白色等颜色，设计城堡、卡通形象等造型。

▲一张城堡造型的实木公主床，为女孩房增添了天真、梦幻的气息

（2）布偶玩具可为女孩带来安全感

布偶玩具特有的可爱表情和温暖的触感，能够带给孩子无限乐趣和安全的感觉。因此一些色彩艳丽，憨态可掬的布偶玩具经常出现在女孩房中。

▲在女孩房摆放几个布偶，不仅增添童趣还具有安抚作用

（3）波点/条纹图案可增添俏皮感

波点/条纹图案类型的图案简洁、梦幻，同时又不乏女性的俏皮与柔和。当这些可爱的小圆点搭配不同底色的布艺织物之后，更能彰显独特的时尚与俏皮内涵。

▲窗帘、靠枕上的波点图案为女孩房增添了俏皮感

二、男孩房的软装设计

① 男孩房常用软装元素

进行男孩房的软装设计时应注重其性别上的心理特征，如英雄情结等，也要体现出活泼、动感的设计理念，可以将其喜爱的玩具作为装饰，活跃空间氛围。家具方面一定要保证安全性，特别是攀爬类家具。另外，边缘光滑的小型组合家具也非常适合。

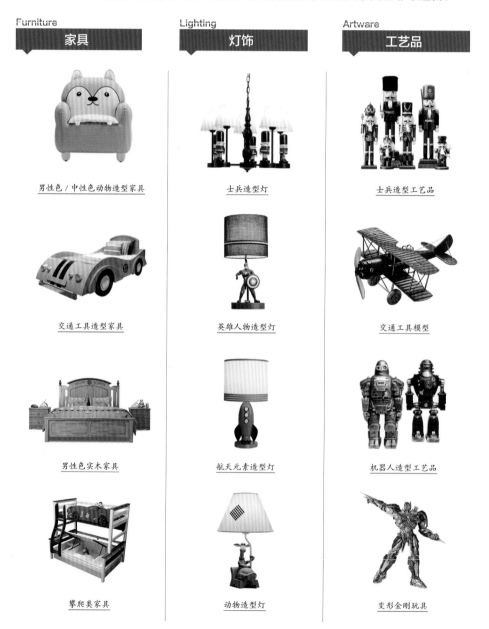

Furniture 家具	Lighting 灯饰	Artware 工艺品
男性色/中性色动物造型家具	士兵造型灯	士兵造型工艺品
交通工具造型家具	英雄人物造型灯	交通工具模型
男性色实木家具	航天元素造型灯	机器人造型工艺品
攀爬类家具	动物造型灯	变形金刚玩具

Decorative painting
装饰画

英雄主题装饰画

卡通主题装饰画

运动主题装饰画

❷ 软装的特点

（1）软装的色彩

男孩房的软装应以代表男性特征的蓝色、灰色或者中性的绿色为配色中心，也可以根据男孩的年龄来配色。例如，年纪小一些的男孩儿，适合清爽、淡雅的冷色，而处于青春期的男孩儿，则较排斥过于活泼的色彩，最好选择趋近于男性的冷色及中性色。

Colour
软装色彩

蓝色

棕色

绿色

无色系

对比色

多色组合

（2）软装的材质及图案

男孩房的软装材质要求环保、无污染，家具可以大量采用实木、藤艺等天然材质，一定要避免玻璃材质。另外，软装可以利用卡通、涂鸦等图案，引发他们的兴趣。

▶实木材质的家具天然环保且无污染，很适合布置男孩房

❸ 软装的搭配运用

（1）个性的造型家具能满足男孩的好奇心

男孩大多活泼好动，好奇心强，喜欢酷酷的感觉。所以大多喜欢坦克、飞机、汽车一类。因此男孩房适合选择一些个性突出的造型家具来彰显个性，这些家具少了许多可爱的元素，多了一些属于男孩的独特气质。

▲船形造型的床，为男孩房增添了强烈的个性感和独属于男孩的气质

（2）对比色的软装可彰显活力

对喜欢活泼色彩的男孩，可以在房间中使用蓝色、红色组合或蓝色、黄色组合的对比色配色方式的软装，来表现儿童活泼、好动的天性。

（3）用玩具来彰显男孩特征

男孩子们都比较活泼好动，所以对于玩具的要求也是倾向于汽车、足球、武器类等炫酷的玩具。可以在房间内摆放这一类的玩具，来彰显他们的特征。

▲黄色与蓝色组合的对比色软装，凸显出了男孩的活泼感

▲在男孩房摆放武器类的玩具，可以彰显出男孩的特征